Christian Hetzel, Thorsten Flach, Matthias Mozdzanowski

Mitarbeiter krank – was tun!?

Christian Hetzel, Thorsten Flach, Matthias Mozdzanowski
Mitarbeiter krank – was tun!?
Mit CD-ROM

Universum Verlag GmbH
Taunusstr. 54
65183 Wiesbaden
Internet: www.universum.de
E-Mail: info@universum.de
Redaktion: Ute Meinert-Kaiser M. A., Wiesbaden
CD-ROM: Matthias Ripp, Wiesbaden
Herstellung: Harald Koch, Wiesbaden
Titelfoto: © photoGrapHie by fotolia.de
Fotos: privat
Satz: Format · Absatz · Zeichen, Niedernhausen
Grafische Gestaltung: Karin Neumert-Marutschke, Trashline Studios, Rüsselsheim
Druck: Media-Print, Eggertstraße 28, 33100 Paderborn

Bei der Fülle des Materials sind trotz sorgfältiger Bearbeitung Fehler nicht völlig auszuschließen. Eine rechtliche Gewähr für die Richtigkeit aller Informationen kann daher vom Verlag nicht übernommen werden.

© by Universum Verlag GmbH
Wiesbaden 2007

ISBN 978-3-89869-199-4

Christian Hetzel
Thorsten Flach
Matthias Mozdzanowski

Mit Beiträgen von Marcus Schian und Helga Seel

Mitarbeiter krank – was tun!?

Praxishilfen zur Umsetzung des
betrieblichen Eingliederungsmanagements
in kleinen und mittleren Unternehmen

Mit CD-ROM

PraxisReihe
Arbeit·Gesundheit·Rehabilitation

UniversumVerlag **uv**

Inhalt

CD-ROM (Auswahl)

Kurzfassung

Praxishilfen

Ausgewählte Beiträge aus dem iqpr-Diskussionsforum

Vorwort: „Wir können auch, aber anders!"

Alternde Belegschaften, längere Lebensarbeitszeit, Mangel an Nachwuchskräften, Zunahme chronischer Erkrankungen, eingeschränkte Frühverrentungsmöglichkeiten – mit diesen Schlagworten sind Herausforderungen skizziert, die eine kluge betriebliche Personalpolitik erfordern. Denn eine wesentliche Voraussetzung für wirtschaftliches Handeln sind gesunde und leistungsfähige Mitarbeiter[1]. Es gilt, die Gesundheit der Mitarbeiter zu fördern und Krankheiten zu vermeiden. Für dieses Handlungsfeld sei auf die zahlreichen Veröffentlichungen zur betrieblichen Gesundheitsförderung oder zur Arbeitssicherheit und zum Gesundheitsschutz verwiesen. Was aber tun, wenn ein Mitarbeiter krank wird – sei es plötzlich durch einen Verkehrsunfall oder schleichend, beispielsweise wegen zunehmender Rückenbeschwerden?

Verantwortungsbewusste und vorausschauende Unternehmen reagieren frühzeitig, und zwar

- mit technischen Maßnahmen – sie passen den Arbeitsplatz an, sie verändern die Arbeitsumgebung oder sie schaffen technische Arbeitshilfen an, vielfach unterstützt durch Fachkräfte für Arbeitssicherheit, der Sozialversicherung oder des Integrationsamtes;
- mit organisatorischen Maßnahmen – durch Veränderungen der Tätigkeiten, der Arbeitszeit- und Pausenregelungen bis hin zu Anpassung der Leistungsvorgaben beispielsweise im Rahmen einer stufenweisen Wiedereingliederung;
- mit personenbezogenen Maßnahmen – insbesondere Rehabilitationsmaßnahmen oder Qualifizierung, um andere Einsatzmöglichkeiten im Betrieb erschließen zu können. Auch hier gibt es Unterstützung der Sozialversi-

---

1 Aus Gründen der besseren Lesbarkeit wird auf die gleichzeitige Verwendung männlicher und weiblicher Sprachformen verzichtet. Sämtliche Personenbezeichnungen gelten gleichwohl für beiderlei Geschlecht.

cherung. Voraussetzung ist aber, frühzeitig ärztlichen Rat einzuholen und Fachkräfte der Rehabilitation einzubinden.

Auch der Gesetzgeber hat reagiert: Ist ein Arbeitnehmer innerhalb eines Jahres länger als sechs Wochen dauerhaft oder wiederholt arbeitsunfähig, so ist nach § 84 Abs. 2 Sozialgesetzbuch (SGB) IX ein so genanntes betriebliches Eingliederungsmanagement (BEM) durchzuführen. Es muss geklärt werden, wie die Arbeitsunfähigkeit überwunden, und mit welchen Möglichkeiten eine erneute Erkrankung verhindert und so der Arbeitsplatz dauerhaft erhalten werden kann. Das neue Gesetz betrifft nicht „nur" die schwerbehinderten, sondern alle Arbeitnehmer. Eine krankheitsbedingte Kündigung ohne vorhergehendes betriebliches Eingliederungsmanagement ist in der Regel nicht letztes Mittel und daher unwirksam.

Diese Herausforderungen gehen Großunternehmen mehr oder weniger erfolgreich an. Wegen der Verfügbarkeit interner Experten, wegen der hohen Fallzahl an betroffenen Mitarbeitern und wegen der komplexen Unternehmensstruktur werden in der Regel managementorientierte Methoden praktiziert. Damit machen einige der „Großen" viel von sich reden. Aber der Motor wirtschaftlicher Entwicklung sind die „Kleinen". Dazu zählen alle Unternehmen mit weniger als 250 Mitarbeitern. Das sind 99,5 Prozent aller Unternehmen in Deutschland, 55,5 Prozent aller Beschäftigten arbeiten dort[2]. Die Herausforderungen der „Kleinen" sind mit denen der „Großen" vergleichbar, die Voraussetzungen sind aber grundsätzlich verschieden. Es gibt keine innerbetrieblichen Gesundheitsexperten, sondern fast alles geht über den Tisch des Unternehmers. Die Arbeitsbeziehungen sind familiär, die Mitarbeiterbindung ist hoch und Anonymität ist ein Fremdwort. Die Entscheidungswege sind kurz und die Eigenverantwortung der Mitarbeiter ist hoch. Statt Formalismus herrschen kommunikative Steuerung und Pragmatismus. Länger oder wiederholt kranke Mitarbeiter sind abgesehen von Einzelfällen nicht an der Tagesordnung. Dazu kommen der enorme Kosten- und Leistungsdruck sowie die hohe Beanspruchung durch das Tagesgeschäft. Fazit: Einige Voraussetzungen sind bei den „Kleinen" gegenüber

---

2   Quelle: Statistisches Bundesamt; Sonderauswertung des Unternehmensregister-Systems 95 im Auftrag des Ifm Bonn, Wiesbaden 2006, Berechnungen des Ifm Bonn.

den „Großen" eher ungünstig, aber es gibt auch Vorteile, an denen es anzusetzen gilt.

Der Tenor von engagierten kleinen und mittleren Unternehmen ist: „Wir können auch, aber anders!" Praxiserfahrungen und Gespräche mit Verantwortlichen[3] machen deutlich:

■ Kleine und pragmatische Lösungsmuster sind dort angemessener als ausgefeilte Managementmodelle.

■ Bei der Lösungsentwicklung ist die Eigenverantwortung der Mitarbeiter zu fordern und zu fördern.

■ Innerbetriebliche Minimalkompetenz muss entwickelt sein: Was kann ich wie tun? Was kann ich wann von Fachkräften erwarten? Welche Fördermöglichkeiten gibt es?

■ Fachkräfte müssen im Bedarfsfall frühzeitig eingeschaltet werden, nicht erst dann, wenn das Kind in den Brunnen gefallen ist.

■ Die Informationen und Instrumente müssen pragmatisch, einfach und verständlich sein und kein Fachchinesisch für Experten – gleichzeitig aber rechtssicher.

Vor diesem Hintergrund sind die vorliegenden Praxishilfen zur Umsetzung des betrieblichen Eingliederungsmanagements entstanden. Das Buch richtet sich an Personalverantwortliche in kleinen und mittleren Unternehmen sowie an betriebsinterne oder -externe Fachkräfte der Arbeitssicherheit, des Gesundheitsschutzes und der Arbeitsmedizin.

Kapitel 1 zeigt Nutzenargumente für ein betriebliches Engagement. In Kapitel 2 werden Qualitätskriterien für ein „gutes" betriebliches Eingliederungsmanagement vorgestellt, die gesetzlichen Anforderungen umrissen und die Perspektive der Arbeitssicherheit und des Gesundheitsschutzes beleuchtet. Die Kapitel 3 und 4 sind das Herzstück (siehe Abbildung 1). Die verantwortlichen Personen im Unternehmen sind der Arbeitgeber beziehungsweise ein Mitarbeiter des

---

3   Siehe dazu Hetzel C., Flach T., Weber A., Schian H.-M. (2006): Zur Problematik der Implementierung des betrieblichen Eingliederungsmanagements in kleinen und mittleren Unternehmen. Das Gesundheitswesen, Heftnummer 68, S. 303-308.

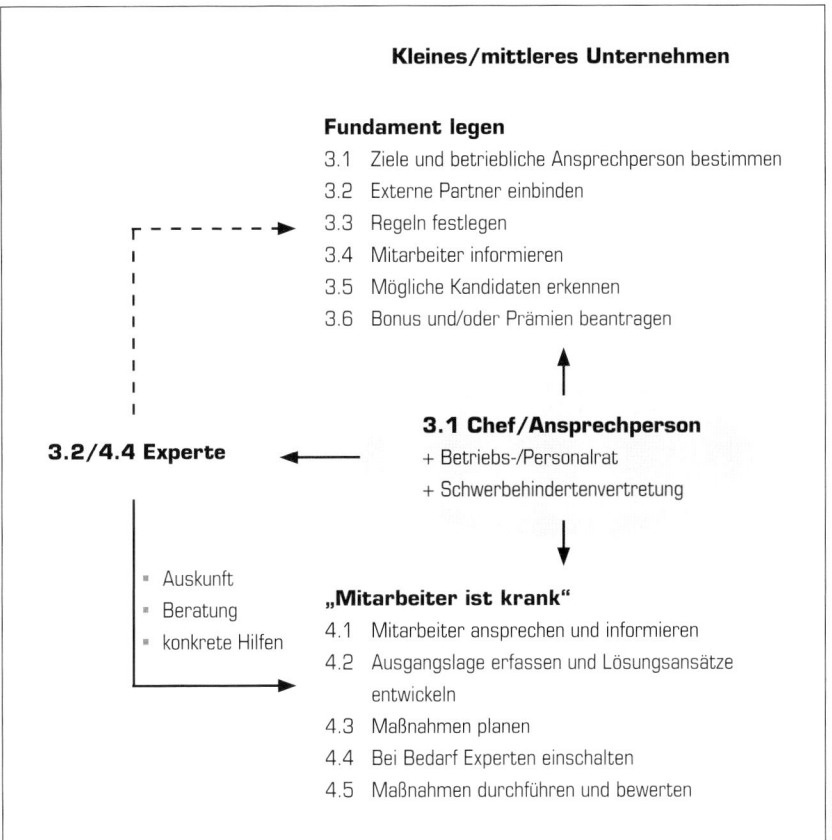

Abbildung 1: Handlungsschritte für den Umgang mit kranken Mitarbeitern in kleinen und mittleren Unternehmen mit der Zuordnung zu den Buchkapiteln

Vertrauens (die Ansprechperson) sowie die Interessenvertretung, sofern vorhanden. Das Unternehmen wird unterstützt von Experten. Angeboten haben sich je nach Region insbesondere die Gemeinsame Servicestelle der Rehabilitationsträger (kurz: Reha-Servicestelle), das Integrationsamt, einzelne Rehabilitationsträger oder Dienstleister (zum Beispiel Betriebsärzte, Fachkräfte für Arbeitssicherheit, Disability Manager). Der Experte gibt im Bedarfsfall Auskunft, berät individuell und bietet konkrete Hilfen, beispielsweise bezüglich der Finanzierung von Maßnahmen über die Rehabilitationsträger. Kapitel 3 zeigt, wie das

Fundament gelegt werden kann, damit der betriebliche Umgang mit kranken Mitarbeitern nicht in blindem Aktionismus oder in einer Notfalloperation endet. In Kapitel 4 geht es schließlich darum, was im „Ernstfall" dann konkret getan werden kann. Die gesetzlichen Anforderungen und die Mitbestimmungsrechte des Betriebs-/Personalrats werden dabei berücksichtigt. In Kapitel 5 sind sämtliche Praxishilfen zusammengefasst. Sie bieten das allgemeine Rüstzeug für den Einstieg. Die Anpassung an die betrieblichen Gegebenheiten ist Aufgabe des jeweiligen Unternehmens. Die Praxishilfen sowie weiteres Informationsmaterial stehen daher zur weiteren Verwendung auf der beiliegenden CD-ROM zur Verfügung.

Dem Bundesministerium für Arbeit und Soziales (BMAS), das das Vorhaben mit seiner finanziellen Unterstützung möglich gemacht hat, gebührt unser Dank.

Köln, im April 2007
Christian Hetzel   Thorsten Flach   Matthias Mozdzanowski

Das Buch wird ergänzt durch einen Gastbeitrag von Frau Dr. Helga Seel, Leiterin des Integrationsamtes beim Landschaftsverband Rheinland und Mitglied des Vorstandes der Bundesarbeitsgemeinschaft der Integrationsämter und Hauptfürsorgestellen (BIH).

1 Eingliederung sichern statt ausmustern – es lohnt sich!

Was tun, wenn ein Mitarbeiter krank ist – sei es plötzlich durch einen Verkehrsunfall oder schleichend, beispielsweise wegen zunehmender Rückenbeschwerden? Wenn sowohl Mitarbeiter als auch Arbeitgeber engagiert und verantwortlich handeln, gewinnen beide Seiten (siehe Tabelle 1). Möglicherweise wird der Nutzen häufig unter- und der Aufwand häufig überschätzt.

Vorteile für den Arbeitgeber	Vorteile für den Mitarbeiter
• Auf alternde Belegschaften vorbereitet sein, • Know-how langjähriger Mitarbeiter erhalten, • Mitarbeiterzufriedenheit und -loyalität erhöhen, • Attraktivität des Unternehmens für Kunden und für (potenzielle) Mitarbeiter steigern, • Kosten der Entgeltfortzahlung vermindern, • Kosten für Gehalt und Einarbeitung für Ersatzkräfte beziehungsweise Überstunden senken, • Öffentliche Gelder abrufen, • Rechtssicherheit schaffen, • Kalkulierbare Kosten statt unerwartete Ausgaben und Mindereinnahmen.	• Kommunikation sichern, • Zur Erhaltung der persönlichen Gesundheit beitragen, • Vermeidung von Überforderungen am Arbeitsplatz, • Einer drohenden Chronifizierung von Erkrankungen vorbeugen, • Schneller volles Gehalt statt Krankengeld beziehen, • Zum langfristigen Erhalt des Arbeitsplatzes beitragen, • Vermeidung von Arbeitslosigkeit aufgrund gesundheitlicher Einschränkungen.

Tabelle 1: Vorteile für Arbeitgeber und Mitarbeiter durch BEM

Vorteile für den Arbeitgeber

■ **Auf alternde Belegschaften vorbereitet sein**
Belegschaften werden nicht jünger, wenn die Bevölkerung immer älter wird. Die Gesundheit älterer Mitarbeiter kann erhalten werden, wenn frühzeitig Präventions- und/oder Rehabilitationsmaßnahmen eingeleitet werden.

■ *Know-how langjähriger Mitarbeiter erhalten*
In Zukunft wird es einen Mangel an qualifizierten Nachwuchskräften geben. Es wird damit immer wichtiger, die Gesundheit, die Leistungsfähigkeit und das Know-how langjähriger Mitarbeiter zu erhalten.

■ **Mitarbeiterzufriedenheit und -loyalität erhöhen**
Betroffene Mitarbeiter erfahren die unten aufgeführten Vorteile. Aber auch die anderen Mitarbeiter sehen ihren Chef als engagierte Unternehmerpersönlichkeit im Umgang mit Gesundheit und Krankheit. Die Belegschaft honoriert das mit mehr Firmenverbundenheit und mehr Engagement. Dies kann auch die Fehlzeiten senken.

■ **Attraktivität des Unternehmens für Kunden und für (potenzielle) Mitarbeiter steigern**
Wird das betriebliche Engagement durch eine angemessene Öffentlichkeitsarbeit unterstützt, steigt die Attraktivität des Unternehmens insbesondere in der Region sowohl für Kunden als auch für Mitarbeiter – bei der Rekrutierung ein Pluspunkt.

■ **Kosten der Entgeltfortzahlung vermindern**
Krankheitsbedingte Fehlzeiten werden reduziert und auf einem „gesunden" Niveau stabilisiert. Die mit Fehlzeiten zusammenhängenden Kosten werden minimal gehalten. Voraussetzung ist, dass Zeiten der Abwesenheit nicht als Zeiten des Stillstands betrachtet, sondern aktiv genutzt werden. So kann zum Beispiel die Genesung durch frühzeitige Einleitung von Rehabilitationsmaßnahmen beschleunigt werden oder die Arbeitsbedingungen werden für Mitarbeiter mit (vorübergehenden) Einsatzeinschränkungen entsprechend angepasst.

■ **Kosten für Gehalt und Einarbeitung für Ersatzkräfte beziehungsweise Überstunden senken**
Häufig gibt es Arbeitsmöglichkeiten, die den Fähigkeiten von Mitarbeitern mit gesundheitlichen Beeinträchtigungen entsprechen, sei es vorüberge-

hend oder auch beständig. Anwesenheit wird gefördert, der Personalstand wird optimal genutzt, Überstunden werden reduziert, Ersatzkräfte und die damit verbundenen Nachteile werden eingespart.

- **Öffentliche Gelder abrufen**
  Vielfach können entstandene Aufwendungen refinanziert werden, beispielsweise durch Investitionshilfen für die Umgestaltung von Arbeitsplätzen, Lohnkostenzuschüsse, zielgerichtete Weiterqualifizierung, stufenweise Wiedereingliederung, Prämien und Bonus zur Einführung eines betrieblichen Eingliederungsmanagements.

- **Rechtssicherheit schaffen**
  Vorschriften zum betrieblichen Eingliederungsmanagement werden eingehalten. Damit sinkt das Haftungsrisiko und der Betrieb ist im Kündigungsfall vor gerichtlichen Auseinandersetzungen und Konflikten mit Behörden besser geschützt.

- **Kalkulierbare Kosten statt unerwartete Ausgaben und Mindereinnahmen**
  Den genannten Vorteilen stehen kalkulierbare Kosten gegenüber, zum Beispiel Arbeitsausfall bei anfallenden Besprechungen oder Kosten bei der Umsetzung von Maßnahmen. Wie schnell sich die Investitionen rechnen, hängt vom Einzelfall und den öffentlichen Geldern ab – amortisieren werden sie sich: durch zufriedene und leistungsfähige Mitarbeiter, hohe Qualität der Produkte und Dienstleistungen sowie zufriedene Kunden.

Vorteile für den Mitarbeiter

- **Kommunikation sichern**
  Der Mitarbeiter kann Probleme bei der Arbeit lösungsorientiert und im geschützten Rahmen adressieren.

- **Zur Erhaltung der persönlichen Gesundheit beitragen**
  Betriebliche Ursachen von Arbeitsunfähigkeit und Krankheit werden frühzeitig ermittelt und Verbesserungen angegangen – ein wichtiger Beitrag zur Erhaltung der Gesundheit der Mitarbeiter.

- **Vermeidung von Überforderungen am Arbeitsplatz**
  Krank zur Arbeit schleppen und in Überforderung arbeiten – kurzfristig und in Auftragsspitzen mag das funktionieren. Aber bei dauerhafter Überforderung und insbesondere mit zunehmendem Alter wächst die Gefahr,

dass die „kleinen Wehwehchen" zu „großen" werden. Darüber hinaus wird nach längerer Arbeitsunfähigkeit die Arbeitsaufnahme schonend gestaltet, beispielsweise im Rahmen einer stufenweisen Wiedereingliederung. Überforderungen werden damit frühzeitig erkannt, verringert oder sogar ganz vermieden.

- **Einer drohenden Chronifizierung von Erkrankungen vorbeugen**
  Folgen von Überforderung am Arbeitsplatz sind Unzufriedenheit, Krankheit und Chronifizierung von Erkrankungen. Diese Wirkungskette wird durch frühzeitiges Erkennen und Handeln durchbrochen.

- **Schneller volles Gehalt statt Krankengeld beziehen**
  Kranken- oder Verletztengeld gibt es nach Ende der Entgeltfortzahlung, die Höhe beträgt etwa 70 Prozent des letzten Bruttoeinkommens. Diese Geldeinbußen für den Mitarbeiter können vermieden werden, wenn durch technische, organisatorische oder personenbezogene Maßnahmen eine frühzeitige und sichere Arbeitsaufnahme sichergestellt wird.

- **Zum langfristigen Erhalt des Arbeitsplatzes beitragen**
  Kann man auch trotz gesundheitlicher Einschränkungen den Arbeitsplatz erhalten? Ja, aber es gilt die Eigenverantwortung der Mitarbeiter zu stimulieren und frühzeitig mit geeigneten Maßnahmen die Anforderungen des Arbeitsplatzes und die Fähigkeiten des Mitarbeiters in Einklang zu bringen, beispielsweise durch Anpassung der Arbeitsbedingungen.

- **Vermeidung von Arbeitslosigkeit aufgrund gesundheitlicher Einschränkungen**
  Der Umkehrschluss zum vorherigen Argument ist, dass Arbeitslosigkeit und die damit häufig verbundene sozialökonomische Abwärtsspirale vermieden werden können.

2 Was ist ein gutes betriebliches Eingliederungsmanagement (BEM)?

2.1 Qualitätskriterien

Die Rehabilitationsträger[4] und die Integrationsämter können die Einführung des betrieblichen Eingliederungsmanagements durch Prämien oder einen Bonus gemäß § 84 Abs. 3 SGB IX fördern. Damit sollen Unternehmen motiviert werden, wirksame Prozesse und Maßnahmen zu installieren – gegen lange Abwesenheiten, Produktivitätseinbußen oder vorzeitiges krankheitsbedingtes Ausscheiden von Beschäftigten. Aber: Wirksames betriebliches Eingliederungsmanagement verlangt entsprechende Qualität und die Vergabe eines Bonus verlangt einen Nachweis von definierten Qualitätskriterien. Bislang gibt es jedoch keine ins Gewicht fallenden Ansätze von Rehabilitationsträgern und Integrationsämtern (siehe Kapitel 3.6).

Qualitätskriterien: „Der Standard des BEM"
Eine erfolgreiche Umsetzung des BEM muss sich messen lassen an

- Erhalt der Arbeits- und Beschäftigungsfähigkeit insbesondere älterer, chronisch kranker und behinderter Arbeitnehmer unter Berücksichtigung der Selbstbestimmung,
- Begrenzung krankheitsbedingter Fehlzeiten und Leistungseinschränkungen,
- Akzeptanz bei den Beschäftigten und
- Berücksichtigung von Standards und gesetzlichen Vorgaben.

Vor diesem Hintergrund ist der so genannte „Standard des BEM" entstanden. Er beschreibt ein optimales System, im Sinne maximaler Sollgrößen. In der

---

4   Bundesarbeitsgemeinschaft für Rehabilitation (BAR). Hilfestellung für Unternehmen zur Einführung eines betrieblichen Eingliederungsmanagements (§ 84 Abs. 2 SGB IX) 2005

Regel entsprechen reale Systeme dem nicht in Gänze. Der Standard will als Diskussionsgrundlage für einheitliche Qualitätskriterien verstanden werden.

Der Standard

- beschreibt Zielvorgaben an das BEM und damit Qualitätskriterien, die über die Mindestanforderungen unter anderem des § 84 Abs. 2 SGB IX hinausgehen,
- ist kompatibel zu den internationalen Standards des Disability Management,
- ist prozessorientiert,
- ist strukturell an der DIN EN ISO 9001:2000 (Qualitätsmanagement) orientiert,
- integriert das Prinzip der Selbstbestimmung,
- stellt einen Rahmen für BEM unabhängig von Unternehmensgröße und Branche dar und
- ist in der Praxis entwickelt und erprobt worden.

„Prozessorientiert" bedeutet hier Entwicklung, Verwirklichung und Verbesserung der Wirksamkeit des BEM. Der Vorteil der strukturellen Orientierung des Standards an der DIN EN ISO 9001:2000 ist der, dass eine Kombinierbarkeit mit dieser Norm und damit eine Nutzung im Rahmen eines integrierten Managementsystems möglich ist.

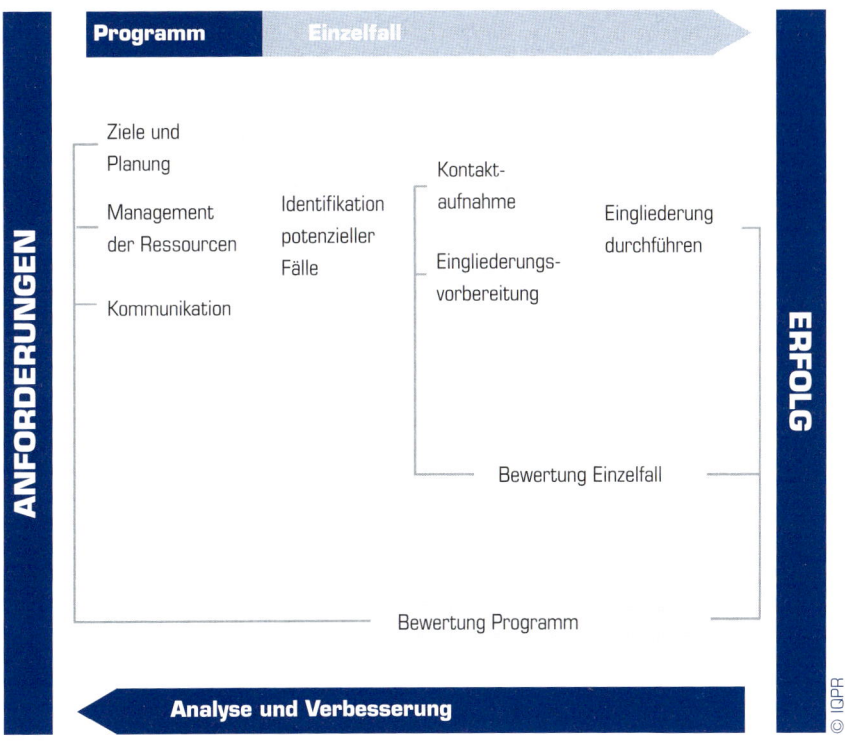

Abbildung 2: Prozessorientierter Ansatz des Standards für BEM

Nachfolgend wird der Standard des BEM in leicht gekürzter Fassung[5] vorgestellt. Dabei ist zu beachten, dass der Standard zunächst einem managementorientierten Ansatz Rechnung trägt und eher auf große bis mittlere Unternehmen ausgerichtet ist. In Unternehmen mit geringem Eingliederungsbedarf und wenig komplexer Organisation ist aber eher ein einzelfallorientierter und weniger managementorientierter Ansatz notwendig. Entsprechend wird der Standard in Umfang und Zielvorgabe angepasst. Dies wird am Ende des Kapitels vorgestellt.

---

5   Hetzel C., Flach T., Mozdzanowski M., Schian H.-M.: Wie lässt sich die Qualität des betrieblichen Eingliederungsmanagement messen? Die BG 2006; 11, S. 516-519.

I   VERANTWORTUNG DER SOZIALPARTNER

I-1   Eingliederungspolitische Grundsätze und Ziele

Die Leitung der Organisation legt die eingliederungspolitischen Grundsätze wirksam fest. Die Leitung stellt in Abstimmung mit der Interessenvertretung sicher,

- dass aus der Eingliederungspolitik messbare und terminierte Ziele abgeleitet, festgelegt und umgesetzt werden,
- dass die Zielgruppe des BEM definiert ist,
- dass Zielgruppe und Ziele unternehmensweit gelten und,
- dass die Erfolgskriterien der Eingliederung festgelegt sind.

I-2   Planung des betrieblichen Eingliederungsmanagements

Die Leitung der Organisation muss – in Abstimmung mit der Interessenvertretung – zur Planung, Durchführung und Verbesserung des BEM den notwendigen Rahmen schaffen. Sie muss:

- einen Beauftragten für die wesentlichen Prozesse gemäß I-VI bestellen („Disability Manager" = DM),
- auf der Basis der eingliederungspolitischen Grundsätze und Ziele einen Arbeits- und Zeitplan festlegen,
- die wesentlichen Prozesse gemäß I-VI wirksam festlegen („Manual" – siehe unter VI-16, S. 22) und dabei die relevanten gesetzlichen Vorgaben ermitteln und beachten,
- die erforderlichen Ressourcen ermitteln und bereitstellen (zum Beispiel Festlegung, ob die Umsetzung allein mit internem Personal erfolgen kann oder externer Unterstützung bedarf, Budgetierung) – siehe unter II,
- der Organisation die Notwendigkeit des BEM vermitteln – siehe unter III-8, S. 19.

I-3   Sozialpartnerbewertung

Die Leitung der Organisation bewertet regelmäßig und gemeinsam mit der Interessenvertretung das BEM (Sozialpartnerbewertung), bei Bedarf unter Beteiligung des Disability Managers/DM-Teams. Einfließen müssen mindestens die wesentlichen Ergebnisse der Analyse (siehe unter V-15) und der Umgang mit betrieblichen Änderungen, die sich auf das BEM auswirken könnten. Die Ergebnisse der Sozialpartnerbewertung müssen Korrektur- und Vorbeugungsmaßnahmen zur Verbesserung des BEM enthalten.

II MANAGEMENT VON RESSOURCEN

II-4 Disability Manager und DM-Team

Der Disability Manager ist der Beauftragte der Sozialpartner zur Planung und Steuerung des BEM. Der Disability Manager verfügt über angemessene Kenntnisse und über angemessene zeitliche und finanzielle Ressourcen; er wird je nach Bedarf und Komplexität der Organisation regelmäßig von einem DM-Team unterstützt.

II-5 Beteiligung der Beschäftigten

Die Beschäftigten werden an der Durchführung und Verbesserung des BEM angemessen beteiligt. Zur Beteiligung der betroffenen Beschäftigten siehe unter IV.

II-6 Kooperation mit externen Partnern

In der fallbezogenen Kooperation mit externen Partnern sollen bereits im Vorfeld Verbindungen hergestellt, gehalten und gepflegt werden. Es sind Bewertungen der externen Partner vorzunehmen.

II-7 Infrastruktur

Die Organisation hat in allen Bereichen den Bedarf an Materialien zu ermitteln, die zur Umsetzung des BEM benötigt werden.

III KOMMUNIKATION

III-8 Interne und externe Öffentlichkeitsarbeit

Ziel ist es, Bewusstsein und Akzeptanz für das BEM bei Vorgesetzten und Mitarbeitern, gegebenenfalls auch bei externen Partnern (Leistungsträgern, Leistungserbringern), zu schaffen.

IV   EINGLIEDERUNG IM EINZELFALL

IV-9   Identifikation von potenziellen Kandidaten

Es ist wirksam festzulegen, mit welchen Methoden potenzielle Kandidaten für das BEM identifiziert werden können. Mögliche Methoden sind zum Beispiel Fehlzeitenanalysen, ereignisbezogene Mitarbeitergespräche durch die Vorgesetzten, Routinegespräche, Arbeitsmedizinische Untersuchungen und Altersstrukturanalysen.

IV-10   Kontaktaufnahme

Sobald ein potenzieller Kandidat für das BEM identifiziert ist, muss frühzeitig Kontakt mit diesem aufgenommen und bei längerer Erkrankung der Kontakt regelmäßig gehalten werden. Wirksam festzulegen sind die Gesprächsthemen und die verantwortliche/n Person/en für die Kontaktaufnahme.

IV-11   Erfassung der Ausgangssituation

Mit Zustimmung des Betroffenen folgt die Phase „Erfassung der Ausgangssituation":

a) Die Fähigkeiten des betroffenen Mitarbeiters einschließlich Beschäftigungsprognose sind systematisch zu ermitteln. In einem Gespräch mit dem Beschäftigten ist diesbezüglich die Selbsteinschätzung zu erfragen. Darüber hinaus ist eine arbeitsmedizinische Stellungnahme einzuholen, der Verzicht auf eine ärztliche Stellungnahme ist zu begründen.

b) Potenzielle Eingliederungsmöglichkeiten einschließlich Tätigkeitsanforderungen sind systematisch und unternehmensweit zu ermitteln, zum Beispiel den bestehenden Arbeitsplatz umgestalten, technische Hilfsmittel einsetzen, Teilzeit zum Beispiel im Rahmen der Stufenweisen Wiedereingliederung, auf einen anderen Arbeitsplatz umsetzen, einen neuen Arbeitsplatz schaffen, Trainings- oder Rehabilitationsmaßnahmen anregen.

Erteilt der Beschäftigte im Falle des § 84 Abs. 2 SGB IX seine Zustimmung, ist dies zu dokumentieren. Dies gilt auch für das weitere Vorgehen.

IV-12   Planung der Maßnahmen

In der Phase „Planung der Maßnahmen" entscheiden die relevanten Akteure (in der Regel das DM-Team) zusammen mit dem Betroffenen über die Umsetzung der Eingliederungsmöglichkeiten. Besteht Beratungs- und Unterstützungsbedarf hinsichtlich Leistungen zur Teilhabe am Arbeitsleben, stellt der Disability Manager sicher, dass die Sozialleistungsträger frühzeitig eingebunden werden. Es sind Aufzeichnungen zu führen, das Planungsergebnis ist schriftlich festzuhalten (Eingliederungsplan).

IV-13 Durchführung der Maßnahmen

Vor Maßnahmebeginn ist der direkte Vorgesetzte über das geplante Vorgehen zu informieren. Die Durchführung der Maßnahmen und deren Monitoring erfolgt gemäß dem Eingliederungsplan. Auftretende Schwierigkeiten werden zunächst vom direkten Vorgesetzten angegangen. Bei Bedarf wird dann der Disability Manager eingeschaltet, der dann weitere Schritte zur Problemlösung (zum Beispiel Arzt einschalten) einleitet. Aufzeichnungen sind zu führen.

IV-14 Bewertung von Prozess und Ergebnis

Am Ende der Eingliederung werden Prozess und Ergebnis vom betroffenen Beschäftigten, dessen Vorgesetzten und dem DM-Team kritisch bewertet, um Verbesserungspotenziale zu erkennen. Aufzeichnungen sind zu führen.

V   ANALYSE UND BEWERTUNG
V-15   Analyse und Programmbewertung

Die Organisation muss das BEM regelmäßig in Analyse- und Verbesserungsprozesse integrieren. Für die Analyse sind Erhebungsmethoden einschließlich des Erhebungszyklus festzulegen. Mindestens folgende Parameter werden analysiert:

- Wirksamkeit der eingliederungsrelevanten Prozesse aus Sicht der betroffenen Beschäftigten und der beteiligten Vorgesetzten (siehe unter IV-14),
- Wirksamkeit und Effizienz des BEM,
- Bei Bedarf die Qualität externer Leistungserbringer.

Der Disability Manager stellt sicher, dass aus der Analyse Korrektur- und Vorbeugungsmaßnahmen abgeleitet werden. Der Disability Manager trägt Verantwortung dafür, dass die Sozialpartner bei der Bewertung des betrieblichen Eingliederungsmanagements die Ergebnisse der Analyse mit einbeziehen.

VI   DOKUMENTATIONSANFORDERUNGEN

Die Schritte I-VI sind hinsichtlich der wesentlichen Abläufe, Verfahren, Festlegungen, Zuständigkeiten, Befugnisse und Ergebnisse unter Berücksichtigung des Datenschutzes zu dokumentieren (Manual). Relevante (Zwischen)-Ergebnisse sind nachzuweisen (Aufzeichnungen). Genauigkeit, Umfang und Tiefe der Dokumentation zum BEM entsprechen der Größe sowie den branchen- und betriebsspezifischen Gegebenheiten der Organisation. Manual und Aufzeichnungen stellen die wirksame Planung, Durchführung und Verbesserung der eingliederungsspezifischen Prozesse der Organisation sicher. Sie dienen der internen Qualitätssicherung, sie liefern den Qualitätsnachweis für Externe und sie sind die notwendige Datenbasis für die Einschätzung der Wirksamkeit und Effizienz des BEM.

VI-16 Manual

Der Disability Manager stellt die Aktualität des Manuals und dessen Konformität mit dem Standard sicher. Die Sozialpartner zeigen ihr Commitment durch Unterschrift des Manuals, unter Umständen ist der Status einer Betriebsvereinbarung sinnvoll. Sofern es eine Schwerbehindertenvertretung gibt, ist auch eine Integrationsvereinbarung sinnvoll.

VI-17 Aufzeichnungen

Folgende Aufzeichnungen von (Zwischen-)Ergebnissen sind mindestens zu führen: Falldokumentation zu den Prozessen gemäß Kapitel V sowie Bewertungen des BEM durch die Sozialpartner und das DM-Team.

Der Standard des BEM in Abhängigkeit von der Komplexität des Unternehmens

Wie bereits angedeutet, ist der Standard zunächst auf einen managementorientierten Ansatz und damit eher auf große und mittlere Unternehmen hin ausgerichtet. Dagegen ist in Kleinunternehmen eher ein fallorientierter Ansatz sinnvoll. Trotzdem sind alle Qualitätsdimensionen auch für einen fallorientierten Ansatz relevant, nur in geringerem Formalisierungsgrad, geringerem Umfang und geringerer Zielvorgabe. Allen Ansätzen oder Programmen gemeinsam ist eine zentrale interne Verantwortlichkeit (Ansprechpartner, Kümmerer), die interne Kommunikation zur Akzeptanzschaffung, die Identifikation von potenziellen Kandidaten, die Kontaktaufnahme mit potenziellen Kandidaten und die frühzeitige Signalgebung an Experten (siehe Tabelle 2).

				Programm		
				1	2	3
I. Verantwortung der Sozialpartner		I-1	Grundsätze und Ziele	+++	++	+
		I-2	Planung des BEM	+++	+++	+
		I-3	Sozialpartnerbewertung	+++	++	+
II. Management von Ressourcen		II-4	Disability Manager und DM-Team	+++	++	+
		II-5	Beteiligung der Beschäftigten	+++	++	+
		II-6	Kooperation mit externen Partnern	+++	++	+
		II-7	Infrastruktur	+++	++	+
III. Kommunikation		III-8	Interne und externe Kommunikation	+++	++	++
IV. Eingliederung im Einzelfall		IV-9	Identifikation von potenziellen Kandidaten	+++	+++	+++
		IV-10	Kontaktaufnahme	+++	+++	+++
		IV-11	Erfassung der Ausgangssituation	+++	++	++
		IV-12	Planung von Maßnahmen	+++	++	++
		IV-13	Durchführung der Maßnahmen	+++	++	++
		IV-14	Bewertung von Prozess und Ergebnis	+++	++	++
V. Analyse und Bewertung		V-15	Analyse und Programmbewertung	+++	++	+
VI. Dokumentations- anforderungen		VI-16	Manual	+++	++	+
		VI-17	Aufzeichnungen	+++	++	+

Erläuterung: Programm 1: Unternehmen mit interner Komplettstruktur (Personalwesen, Betriebsrat, Schwerbehindertenvertretung, Betriebsarzt, Fachkraft für Arbeitssicherheit) und großer Fallzahl; Programm 2: Unternehmen mit interner Teilstruktur und kleiner bis mittlerer Fallzahl; Programm 3: Kleinunternehmen; +++ / ++ / + Umfang und Zielvorgaben in hohem/mittlerem/geringem Maße

Tabelle 2: Umfang und Zielvorgaben des Standards des BEM, differenziert nach den Ausgangsbedingungen

Die in den Kapiteln 3 bis 5 vorgestellten Qualitätskriterien und Praxishilfen sind aus dem Standard des BEM abgeleitet und sind auf kleine bis mittlere Unternehmen ausgerichtet (Programm 2 und 3 in Tabelle 2).

2.2 Rechtliche Anforderungen an das BEM

Marcus Schian

Rechtsassessor Marcus Schian arbeitet seit 2004 als wissenschaftlicher Mitarbeiter und Datenschutzbeauftragter am iqpr-Institut für Qualitätssicherung in Prävention und Rehabilitation GmbH an der Deutschen Sporthochschule Köln. Er ist unter anderem verantwortlich für das dort betriebene Diskussionsforum Teilhabe und Prävention. Besonderer Schwerpunkt der Forschungstätigkeit liegt auf den Rechtsfragen zum betrieblichen Eingliederungsmanagement.

Die Grundpflichten

Seit Mai 2004 verpflichtet § 84 Abs. 2 SGB IX (Gesetzeswortlaut siehe S. 116) jeden Arbeitgeber für alle Beschäftigten[6], die innerhalb von 12 Monaten mehr als sechs Wochen arbeitsunfähig sind, ein betriebliches Eingliederungsmanagement anzubieten. Das bedeutet nach dem Gesetzeswortlaut, dass der Arbeitgeber Möglichkeiten klären muss, wie die bestehende Arbeitsunfähigkeit überwunden und erneuter Arbeitsunfähigkeit vorgebeugt werden kann. Das BEM ist also vom Gesetz her als Suchverfahren ausgelegt. Nicht das Ergebnis ist vorgegeben, wohl aber das Ziel (Erhalt des Arbeitsplatzes). Darüber hinaus regelt das Gesetz bewusst wenige Einzelheiten, da diese ohnehin für jedes Unternehmen unterschiedlich sind.

Folgende Punkte müssen aber zwingend beachtet werden:

- Die Klärung darf nur mit Zustimmung und Beteiligung des Betroffenen (Freiwilligkeit des BEM!) erfolgen.
- Betriebsrat und gegebenenfalls Schwerbehindertenvertretung müssen unter Beachtung der Selbstbestimmung des Betroffenen auf der einen und der Mitbestimmungsregelungen auf der anderen Seite eingebunden werden. Sie haben den gesetzlichen Auftrag, die Erfüllung der Pflicht zum BEM zu überwachen.
- Der Datenschutz muss gewahrt werden.

---

6 BEM gilt nicht „nur" für schwerbehinderte Beschäftigte (vgl. die Beiträge B 1-2005, B 15 und B 16-2007 aus dem iqpr-Diskussionsforum Teilhabe und Prävention auf anliegender CD-ROM).

Aus diesen Anforderungen ergibt sich folgende Schrittfolge, die nicht nur aus praktischen Erwägungen heraus logisch, sondern auch von Gesetzes wegen mindestens einzuhalten ist:

1. Erfassen von Arbeitsunfähigkeitszeiten,
2. Kontaktaufnahme mit dem Betroffenen (siehe dazu Kapitel 4.1),
3. Aufklärung über BEM (siehe dazu Kapitel 3.4),
4. Sicherstellung des fortlaufenden Einverständnisses des Betroffenen,
5. Erfassen der Situation unter Beachtung des Datenschutzes (siehe dazu Kapitel 4.2),
6. Gemeinsam mit dem Betroffenen, der Interessen- und Schwerbehinderten-vertretung sowie gegebenenfalls einzubeziehenden externen Stellen (Reha-bilitationsträger): Planen und Umsetzen von Maßnahmen unter Beachtung des Datenschutzes (siehe dazu Kapitel 4.3, 4.4 und 4.5).

Für das Angebot und die Durchführung der BEM ist der Arbeitgeber letztver-antwortlich. Er kann die konkreten Aufgaben aber auch ganz oder teilweise delegieren. Im Hinblick auf den Datenschutz bietet sich dies vor allem bei den Schritten 5. und 6. an.

Identifizierung der BEM-Kandidaten: Fristberechnung

Klar ist nach Sinn und Zweck des BEM zunächst, dass immer vom Zeitpunkt der letzten Krankmeldung volle zwölf Monate und nicht etwa nur bis zum Beginn des Kalenderjahres zurückgerechnet werden muss. Bei besonders ge-nauer Betrachtung ist aber nicht eindeutig, ob bei der Frist-Berechnung auf die laut Arbeitsvertrag zu leistenden Arbeitstage pro Woche abzustellen ist (dann müsste beispielsweise bei einer Fünftagewoche das BEM beginnen, wenn 30 Arbeitstage krankheitsbedingt ausgefallen sind), oder ob die Siebentagewoche zugrunde zu legen ist (dann muss ein BEM beginnen, wenn der Arbeitgeber weiß, dass insgesamt – inklusive Wochenenden – an 42 Tagen Arbeitsunfähig-keit vorlag). Hier plädieren wir für das zuletzt genannte Berechnungsmodell. Einzelheiten zu dieser Frage sowie ein Lösungsvorschlag, die beide Berech-nungen kombinieren, finden Sie auf der beiliegenden CD-ROM (Diskussions-beitrag B 10-2005) sowie im Beitrag von Helga Seel am Ende dieses Buches.

Wichtig ist, dass dieser Frage nicht zu viel Bedeutung beigemessen werden sollte. Wichtig ist vielmehr, dass etwas passiert, und nicht, ob es zwei Tage früher oder später beginnt.

Es kann im Einzelfall aus praktischer Sicht durchaus sinnvoll sein, bereits vor Ablauf der gesetzlich festgelegten Frist tätig zu werden, beispielsweise, wenn nach einer kürzeren krankheitsbedingten Arbeitsunfähigkeitsphase durch den behandelnden Arzt eine Einsatzeinschränkung attestiert wird. Wird noch vor Eintreten der Voraussetzungen des § 84 Abs. 2 SGB IX Initiative ergriffen, können dabei prinzipiell ähnliche Schritte unternommen werden wie dies auch im „normalen" BEM der Fall ist. Wichtig ist allerdings zu wissen, dass in datenschutzrechtlicher Hinsicht noch höhere Anforderungen einzuhalten sind, als es im BEM schon ohnehin der Fall ist. Insbesondere darf ohne ausdrückliche Einwilligung nach vorheriger Aufklärung nichts in der Personalakte dokumentiert werden. Auch entbindet eine früher ansetzende Initiative nicht von der Pflicht, nach sechs Wochen noch einmal mit Blick auf die Pflicht ein BEM anzubieten. Ist man bereits im Gespräch, wird sich dies auf einen kurzen Hinweis beschränken, dass man jetzt in den gesetzlich geregelten Zeitrahmen eintritt. Wichtig ist schließlich, dass die Kontaktaufnahme nicht erst dann zu erfolgen hat, wenn der Mitarbeiter wieder in den Betrieb zurückgekehrt ist. Der Kontakt sollte möglichst bald, nachdem insgesamt sechs Wochen Arbeitsunfähigkeit vorliegen, erfolgen.

Die Rolle des Betriebsarztes im BEM

Der Betriebsarzt ist als möglicher weiterer Akteur des BEM im Gesetz ausdrücklich benannt. Er wird „soweit erforderlich" zum BEM hinzugezogen. Da in aller Regel nicht klar definiert werden kann, wann dies der Fall ist, ist seine Einbindung aber rechtlich nicht zwingend. Aus praktischer Sicht allerdings sollte nach Möglichkeit die hohe Kompetenz des Betriebsarztes für den Bereich Gesundheit und Arbeit genutzt werden (siehe auch das Interview in Kapitel 2.3.1). Ihm wird dann auch für den Datenschutz und für den gesamten BEM-Prozess eine maßgebliche Rolle zukommen. Allerdings ist im Gesetz anders als für Arbeitgeber, Interessenvertretung und Beschäftigten für den Betriebsarzt keine Entscheidungskompetenz angelegt. Die Einbindung des Betriebsarztes in das BEM darf nur mit Zustimmung des Mitarbeiters erfolgen. Ausnahmen gelten wenn überhaupt nur, wenn Untersuchungen gesetzlich vorgeschrieben sind und dies mit dem Zweck des BEM und dem Selbstbestimmungsrecht des Mitarbeiters vereinbart werden kann. Gerichtlich ist diese Frage allerdings noch nicht entschieden.

BEM und Arbeitsschutz

Das BEM ordnet sich ein in das bereits bestehende Normengefüge und weist natürlich insbesondere zum Arbeitsschutz viele Berührungspunkte auf. Dementsprechend fällt das BEM nach bisheriger Rechtsprechung auch unter § 87 Abs. 1 Nr. 7 Betriebsverfassungsgesetz (BetrVG) (siehe auch Diskussionsbeitrag B 9-2006 auf der beiliegenden CD-ROM). Dabei ist das BEM nicht als unmittelbare arbeitsschutzrechtliche Norm zu verstehen. Es bietet aber als Klärungsverfahren einen geeigneten Rahmen, um die Einhaltung arbeitsschutzrechtlicher Anforderungen zu überprüfen, wobei der Betriebsarzt und die Fachkraft für Arbeitssicherheit entsprechend ihren Aufgaben nach §§ 3, 6 Arbeitssicherheitsgesetz eine entscheidende Rolle spielen. Es wird in der Regel angezeigt sein, im Rahmen des BEM eine Gefährdungsbeurteilung (§ 5 Arbeitsschutzgesetz) durchzuführen. Stellt sich heraus, dass die arbeitsschutzrechtlichen Anforderungen nicht eingehalten werden, richten sich die Auswirkungen nach den auch ohne das BEM bestehenden Regeln. Betriebsarzt und Fachkraft für Arbeitssicherheit können zunächst aufgrund ihrer Fachkunde Verbesserungsvorschläge unterbreiten. Danach ist zu unterscheiden, ob es sich bei den nicht eingehaltenen Anforderungen um solche handelt, auf deren Einhaltung der Beschäftigte einen arbeitsvertraglichen Anspruch hat (Beispiel § 2 Lastenhandhabungsverordnung[7]), oder ob es sich „nur" um öffentlich-rechtliche Pflichten handelt[8]. Arbeitsvertragliche Ansprüche kann der Beschäftigte direkt selbst durchsetzen, die öffentlich-rechtlichen Pflichten können nur von öffentlichen Stellen beziehungsweise den Berufsgenossenschaften und – mit Einschrän-

---

7   Vgl. auch Faber: Eingliederungsmanagement nach § 84 Abs. 1 SGB IX und Anspruch auf behinderungsgerechte Beschäftigung nach § 81 Abs. 4 SGB IX, in Diskussionsforum B, Beitrag 11/2006 auf www.iqpr.de, der den Kontext zwischen BEM, den §§ 84 Abs. 1, 81 Abs. 4 SGB IX und der Lastenhandhabungsverordnung darstellt. Der Beitrag findet sich auf der beiliegenden CD-ROM.
8   Vgl. Jana Zipprich: Prävention arbeitsbedingter Erkrankungen durch manuelles Handhaben von Lasten, Nomos-Verlag, Baden-Baden, 2006, S. 127 ff.

kungen – vom Betriebsrat durchgesetzt werden. Je nach Situation werden sich für die betrieblichen Akteure des BEM unterschiedliche Vorgehensweisen anbieten. Ebenso können Hinweise auf eine Berufskrankheit im Rahmen des BEM zu Tage treten. Auch diesbezüglich richtet sich das weitere Vorgehen aber nach den allgemeinen Regeln, das BEM führt hier keine Neuerungen ein.

Unterstützung durch Rehabilitationsträger und gegebenenfalls das Integrationsamt

Wenn sich während der Klärung der Ausgangssituation und/oder bei der Beratschlagung von Lösungen herausstellt, dass Leistungen zur Teilhabe (siehe Kapitel 3.2) in Betracht kommen, so ist es nach dem Gesetz Sache des Arbeitgebers (in der Praxis also nach dem hier vorgeschlagenen Modell: Sache der Ansprechperson), die gemeinsamen Servicestellen der Rehabilitationsträger (kurz: Reha-Servicestellen) oder bei schwerbehinderten Menschen das Integrationsamt hinzuzuziehen. In der Praxis kann und sollte man sich bei Anlaufschwierigkeiten bei der Reha-Servicestelle auch direkt an die einzelnen Rehaträger wenden.

In den meisten Situationen besteht grundsätzlich kein Anspruch des Betroffenen oder des Arbeitgebers auf die Finanzierung einer konkreten Einzelmaßnahme. Den Rehabilitationsträgern ist gesetzlich in der Regel ein Ermessen eingeräumt. Umso wichtiger ist daher das Knüpfen persönlicher Beziehungen zu den zuständigen Trägern, um die Entscheidungsprozesse zu beschleunigen.

Ansprüche des Arbeitnehmers auf BEM und einzelne Maßnahmen

Das BEM als Klärungsverfahren ist eine Pflicht des Arbeitgebers, deren Einhaltung der Betriebsrat und auch die Schwerbehindertenvertretungen verlangen können. Die genauen Durchsetzungsmöglichkeiten sind noch nicht geklärt. Es ist möglich, dass das arbeitsgerichtliche Beschlussverfahren angestrengt werden kann. Ob dem Arbeitnehmer ein direkter Anspruch gegen den Arbeitgeber auf Durchführung eines BEM zusteht, ist ebenfalls noch nicht geklärt. Es spricht aber einiges dafür. Ob und inwieweit Ansprüche auf einzelne Maßnahmen bestehen, hängt vom Einzelfall ab. Folgende Grundsätze spielen eine Rolle: Schwerbehinderte Menschen und gleichgestellte Beschäftigte haben gegen ihren Arbeitgeber einen konkreten Anspruch auf behinderungsgerechte Einrichtung und Unterhaltung der Arbeitstätten inklusive technischer Arbeitshilfen, vergleiche § 81 Abs. 4 SGB IX. Der Anspruch ist begrenzt dadurch, dass seine Erfüllung dem Arbeitgeber zumutbar sein muss. Wo diese Grenze genau liegt, ist wieder einzelfallabhängig. Zu beachten ist dabei unter anderem die mögliche Unterstützung durch die Rehabilitationsträger, die wiederum im Rahmen des BEM abgefragt werden kann.

Nicht schwerbehinderte Beschäftigte haben demgegenüber nach geltendem Recht[9] keinen solchen gesondert normierten Anspruch. Ihre Ansprüche ergeben sich „nur" aus dem Arbeitsvertrag und den damit verbundenen Schutz- und Treuepflichten. Teilweise kann sich dabei ergeben, dass ein konkreter Anspruch auf Einzelmaßnahmen des Arbeitgebers besteht. Manche arbeitsschutzrechtlichen Bestimmungen, die Teil des arbeitsvertraglichen Pflichtengefüges werden, können solche Ansprüche begründen. Ein Beispiel dafür ist § 2 der Lastenhandhabungsverordnung (siehe auch „BEM und Arbeitsschutz" in diesem Kapitel).

Einbindung des Betriebsrats

BEM und Mitbestimmung

Das BEM hat grundsätzliche Bezüge zu einigen Bereichen, die der zwingenden Mitbestimmung unterliegen. Beispielhaft zu nennen ist § 87 Abs. 1 Nr. 7 Betriebsverfassungsgesetz (BetrVG Regelungen zum Gesundheitsschutz), der anerkanntermaßen einen weiten Anwendungsbereich hat. Aber auch § 87 Abs. 1 Nr. 1 BetrVG (Ordnung des Betriebes) kann bei systematischer Einführung eines BEM berührt sein. Werden im Einzelfall Maßnahmen geplant und beschlossen, ist ebenfalls jeweils zu berücksichtigen, ob Mitbestimmungsrechte des Betriebsrats bestehen. Das Mitbestimmungsrecht erfordert es also, den Betriebsrat bei der Festlegung der unternehmensinternen Regeln zum BEM zu beteiligen (dazu gibt es bereits Rechtsprechung, siehe auch Diskussionsbeitrag B 9-2006 auf der beiliegenden CD-ROM). Bei der Planung/Umsetzung von Maßnahmen ist im Einzelfall zu prüfen, ob ein Mitbestimmungsrecht des

---

9   Ob § 81 Abs. 4 SGB IX vor dem Hintergrund der europäischen Antidiskrimierungsrichtlinie 200/78/EG auch auf behinderte und nicht gleichgestellte Beschäftigte mit einem Grad der Behinderung von unter 50 anzuwenden ist, wird derzeit diskutiert.

Betriebsrats besteht. Für die Durchsetzung der Mitbestimmung gelten die allgemeinen Regeln (Einigungsstelle, Beschlussverfahren, gegebenenfalls Unterlassungsanspruch, gegebenenfalls Ersetzung der Zustimmung).

Besonderheiten beim BEM

Der Betriebsrat hat, ebenso wie die Schwerbehindertenvertretung auch, den gesetzlichen Auftrag, die Einhaltung der Pflicht zum BEM zu überwachen. Daraus folgt, dass der Betriebsrat über diejenigen Beschäftigten, die innerhalb der letzten zwölf Monate mehr als sechs Wochen arbeitsunfähig waren, zu informieren ist[10]. Ebenso muss er jeweils über die Einleitung des BEM informiert werden. Die weitere im Gesetz grundsätzlich vorgesehene Beteiligung des Betriebsrates im jeweiligen Einzelfall steht unter dem Vorbehalt der Selbstbestimmung des betroffenen Beschäftigten, er kann den Betriebsrat beispielsweise in der Klärungsphase weitestgehend heraushalten. Die Mitbestimmungsrechte des Betriebsrats (siehe oben) können allerdings nicht umgangen werden.

Insgesamt sind bei der Einbindung des Betriebsrats also folgende Punkte zu beachten:

- Der Betriebsrat ist bei der Festlegung der unternehmensinternen BEM-Regeln zu beteiligen.
- Der Betriebsrat ist über die „BEM-Kandidaten" und die Einleitung eines BEM zu informieren.
- Der Betriebsrat sollte auch im weiteren BEM-Prozess beteiligt sein, allerdings nicht, wenn der Betroffene das nicht wünscht.
- Bei der Planung und Umsetzung von Maßnahmen ist im Einzelfall zu prüfen, ob ein Mitbestimmungsrecht besteht, das eine Beteiligung des Betriebsrats erforderlich macht.

Einbindung der Schwerbehindertenvertretung

Initiativrecht für die Verhandlung von Integrationsvereinbarungen

Die Schwerbehindertenvertretung hat ein gesetzlich vorgegebenes Recht und somit auch den Auftrag, den Abschluss von Integrationsvereinbarungen, die

---

10 Diese Ansicht ist umstritten.

auch Regelungen zum BEM enthalten sollten, zu initiieren. Insgesamt ist bei der Schwerbehindertenvertretung in der Regel viel Kompetenz zum Thema gesundheitliche Einschränkungen bei der Arbeit vorhanden. Eine Nutzung dieses Fachwissens kann für alle Beteiligten in der Regel nur von Vorteil sein.

Besonderheiten beim BEM

Auch hier gilt, dass das bei der Schwerbehindertenvertretung in der Regel vorhandene Wissen zum Thema „gesundheitliche Einschränkungen bei der Arbeit" den Beteiligten oft weiterhelfen kann. Die Schwerbehindertenvertretung hat, ebenso wie der Betriebsrat auch, den gesetzlichen Auftrag, die Einhaltung der Pflicht zum BEM zu überwachen. Daraus folgt, dass sie über diejenigen schwerbehinderten Beschäftigten, die innerhalb der letzten zwölf Monate mehr als sechs Wochen arbeitsunfähig waren, zu informieren ist (vgl. dazu Fußnote 9). Ebenso muss sie jeweils über die Einleitung des BEM informiert werden. Die weitere im Gesetz grundsätzlich vorgesehene Beteiligung der Schwerbehindertenvertretung im jeweiligen Einzelfall steht unter dem Vorbehalt der Selbstbestimmung des betroffenen Beschäftigten. Anders als beim Betriebsrat kann die Schwerbehindertenvertretung im Einzelfall auf Wunsch des Betroffenen aus dem gesamten BEM herausgehalten werden, da keine zwingenden auch gegen den Wunsch des Betroffenen zu beachtenden Mitbestimmungsrechte der Schwerbehindertenvertretung bestehen.

Insgesamt sind bei der Einbindung der Schwerbehindertenvertretung also folgende Punkte zu beachten:

- Aus praktischer – nicht: rechtlicher – Sicht ist eine Einbindung der Schwerbehindertenvertretung schon bei der Aufstellung der unternehmensinternen BEM-Regeln von Vorteil.
- Die Schwerbehindertenvertretung ist über die schwerbehinderten „BEM-Kandidaten" und die Einleitung eines BEM zu informieren.
- Die Schwerbehindertenvertretung sollte auch im weiteren BEM-Prozess beteiligt sein, das ist allerdings nicht zwingend, wenn der Betroffene das nicht wünscht.

Konsequenzen bei Nichtdurchführung eines BEM

Schadensersatzansprüche bestehen grundsätzlich nicht.

Immer wieder gerne wird er als Druckmittel verwendet: der Schadensersatz. Allein wegen Verletzung der Pflicht zur Durchführung eines BEM wird sich ein Anspruch auf Schadensersatz jedoch in aller Regel kaum begründen beziehungsweise beweisen lassen – obwohl ein klarer Pflichtenverstoß vorliegt. Das BEM ist jedoch ein ergebnisoffenes Klärungsverfahren, das von vielen Unbekannten abhängt, beispielsweise von der Mitwirkung der verschiedenen Akteure. Eine Beweisführung müsste sich auf viele hypothetische Annahmen stützen. Nur in Ausnahmefällen wird es daher möglich sein, zu beweisen, dass bei Durchführung eines BEM ein Schaden nicht oder in milderer Form eingetreten wäre. Anders verhält es sich natürlich, wenn andere Rechtsnormen/ Pflichten verletzt werden, und dies im Rahmen des BEM zu Tage tritt. Dann gelten die allgemeinen Regeln.

Andere Konsequenzen

Führt der Arbeitgeber kein BEM nach § 84 Abs. 2 SGB IX durch, hat er auch keine anderen unmittelbaren Konsequenzen zu befürchten, insbesondere drohen keine Sanktionen wie Geldbußen oder Ähnliches. Mittelbare Folgen, etwa potenzielle Konflikte mit Betriebs-/Personalrat und der Schwerbehindertenvertretung, sind allerdings absehbar (vgl. „Einbindung des Betriebsrats" in diesem Kapitel). Besonders wichtig sind zudem mögliche Auswirkungen mit Blick auf eine in den Fällen des § 84 Abs. 2 SGB IX oft auch im Raum stehende krankheitsbedingte Kündigung. Gerade bei dieser Art der Kündigung gilt der ultima-ratio-Grundsatz des Kündigungsrechts, das heißt, dass die Kündigung immer nur das letzte Mittel sein darf. Mildere Mittel, wie beispielsweise fallabhängig Rehabilitationsmaßnahmen, Arbeitsplatzumgestaltungen, Umsetzungen et cetera, müssen zuerst ausgeschöpft werden. Das Bundesarbeitsgericht hat mit Urteil vom 12. 7. 2007 (Az: 2 AZR 716/06) anerkannt, dass das BEM eine Ausprägung dieses ultima-ratio-Gedankens ist. Laut BAG hat das BEM Auswirkungen auf die Darlegungs- und Beweislast des Arbeitgebers im Kündigungsschutzprozess (vgl. die entsprechende Pressemitteilung des BAG sowie die Beiträge B 15-2007 und B-16-2007 auf beigefügter CD-ROM). Da die

Gründe des Urteils zum Zeitpunkt der Drucklegung noch nicht veröffentlicht waren, können die genauen Konsequenzen derzeit nicht im Einzelnen benannt werden. Sicher ist jedoch, dass ohne ernst gemeinte Bemühungen, den Arbeitsplatz durch ein ordnungsgemäßes BEM zu erhalten, eine Kündigung nunmehr schwerer zu begründen sein wird.

Selbstbestimmung und Datenschutz im BEM

Wegen der besonderen Bedeutung dieser Themen für die praktische Umsetzung finden sich Ausführungen zu Selbstbestimmung und Datenschutz im Abschnitt 3.3.

2.3 BEM aus der Perspektive der Arbeitssicherheit und des Gesundheitsschutzes

Die Steuerung und Umsetzung einer systematischen betrieblichen Gesundheitspolitik wird allgemein unter dem Begriff betriebliches Gesundheitsmanagement zusammengefasst. Dabei werden

▪ die betriebliche Gesundheitsförderung (geprägt vor allem durch die Krankenkassen) mit

▪ der klassischen Arbeitssicherheit und dem Gesundheitsschutz (geprägt vor allem durch die Unfallversicherung) und

▪ dem BEM (geprägt durch die Rehabilitationsträger und Integrationsämter)

mit betrieblicher Personal- und Organisationsentwicklung verbunden (siehe Abbildung 3). Durch einen Regelkreislauf aus Analyse (Frühwarnsystem), Intervention und Evaluation werden Lernzyklen im Sinne kontinuierlicher Verbesserungsprozesse stimuliert.

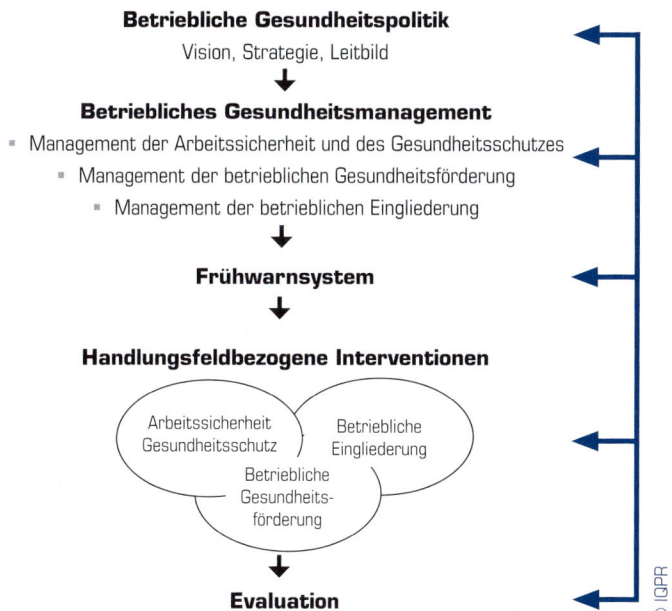

Abbildung 3: Ganzheitliches betriebliches Gesundheitsmanagement

Insbesondere in Unternehmen mit komplexer Organisation haben sich diesbezüglich Managementsysteme etabliert. Diese können bei Bedarf einer Qualitätssicherung im Sinne einer (Teil-)Zertifizierung unterzogen werden. Hier sei zum einen bezüglich der betrieblichen Eingliederung auf das Consensus Based Disability Management Audit (CBDMA™) hingewiesen; zum anderen auf das Angebot der Berufsgenossenschaft für Gesundheitsdienst und Wohlfahrtspflege (BGW) bezüglich Qualitätsmanagement mit integriertem Arbeitsschutz (qu.int.as®). Auch für weniger komplexe Unternehmen werden mehr oder weniger ganzheitliche Ansätze propagiert (zum Beispiel Pragmatisches Management von Gesundheit und Sicherheit für Kleinunternehmen unter http://www.pragmagus.de oder der branchenspezifische Ansatz der Fleischerei Berufsgenossenschaft).

In Abbildung 3 auf S. 35 wird deutlich, dass die drei Handlungsfelder nicht getrennt nebeneinander zu verorten sind, sondern Schnittmengen bestehen. Nachfolgend soll die Schnittmenge zwischen BEM und Arbeitssicherheit und Gesundheitsschutz sowie die Perspektive der Arbeitssicherheit und des Gesundheitsschutzes auf das BEM beleuchtet werden (zur rechtlichen Perspektive siehe Kapitel 2.2).

2.3.1 Der Betriebsarzt

Der Betriebsarzt ist ein Hauptakteur der Arbeitssicherheit und des Gesundheitsschutzes und spielt laut Verband Deutscher Betriebs- und Werksärzte e.V. (VDBW)[11] auch in einem erfolgreichen Eingliederungsmanagement eine zentrale Rolle.

Zu seinen BEM-spezifischen Aufgaben gehören insbesondere:

- Frühzeitige Erkennung von Rehabilitationsbedarf
  Der Betriebsarzt berät den Mitarbeiter über notwendige Rehabilitationsmaßnahmen und leitet diese mit seinem Einverständnis ein.

- Beratung und Untersuchung des Mitarbeiters vor der Eingliederungsmaßnahme.

---

11 Aus VDBW (2005): Erfolgreiches Comeback. Mit Wiedereingliederung alle Möglichkeiten nutzen. Ein Leitfaden für Betriebsärzte. Zugriff unter http://www.vdbw.de → Wiedereingliederung

Erstellung eines positiven und negativen Leistungsbildes und Beratung hinsichtlich zusätzlichen Trainings- und Therapiebedarfs.

- Arbeitsplatzbegehung mit Belastungsanalyse und Erarbeitung eines Vorschlages für die Anpassung des Arbeitsplatzes oder der Arbeitsorganisation an das Leistungsvermögen des Mitarbeiters.
- Erstellung eines Wiedereingliederungsplans in Kooperation mit behandelnden Ärzten, dem Betrieb und übrigen Beteiligten.
- Begleitung des Mitarbeiters bei der Wiedereingliederung und individuelle Anpassung der Belastung und der Arbeitsinhalte.
- Kooperation mit Sozialleistungsträgern, Integrationsamt und Integrationsfachdiensten.
  Unterstützung des Betriebes bei der Beschaffung von Arbeitshilfen, Organisation einer Begleitung am Arbeitsplatz.

Mögliche Anlässe für das Aktivwerden des Betriebsarztes sind:

- nach sechswöchiger Erkrankung eines Mitarbeiters beziehungsweise bei wiederholter Arbeitsunfähigkeit von insgesamt sechs Wochen in zwölf Monaten (§ 84 Abs. 2 SGB IX),
- stufenweise Wiedereingliederung nach längerer oder schwerer Erkrankung (§ 74 SGB V),
- Belastungserprobung und Arbeitstherapie als Leistung der gesetzlichen Krankenkasse (§ 27 Abs. 1 Nr. 6 und § 42 SGB V),
- Belastungserprobung und Arbeitstherapie als Leistung der Unfallversicherungsträger (§ 27 Abs. 1 Nr. 7 und § 35 SGB VII) nach einem Arbeitsunfall oder bei einer Berufskrankheit,
- Wiedereingliederung Schwerbehinderter aus der Arbeitslosigkeit beziehungsweise aus beruflicher Rehabilitation/Umschulung (§ 81 Abs. 4 SGB IX).

Für das Einschalten des Betriebsarztes kommen demnach verschiedene Signalgeber in Frage: der Arbeitgeber, der Mitarbeiter, behandelnde Ärzte, Rehabilitationsträger (oder die Örtliche Reha-Servicestelle), Integrationsamt, Integrationsfachdienst et cetera. Es muss jedoch davon ausgegangen werden, dass diesbezüglich kein flächendeckend funktionierendes Netzwerk vorhanden ist.

In einer repräsentativen Untersuchung aus dem Jahr 2004[12] gaben von 650 Personalverantwortlichen lediglich 1,7 Prozent an, dass ihr Betrieb einem „Netzwerk zur Gesundheitsförderung" angehört. Von den 1.000 befragten Mitarbeitern sind es 31,3 Prozent. Noch geringer sind die Quoten bei den befragten niedergelassenen Ärzten (2,6 Prozent). Die Betriebsärzte berichten mit 18,8 Prozent noch am häufigsten von bestehenden Netzwerken.

Nun ist aus der Sicht des Unternehmens für ein erfolgreiches Eingliederungsmanagement nicht zwingend ein vielschichtiges Netzwerk erforderlich. Ausreichend ist, dass das Unternehmen insbesondere über den § 84 Absatz 2 SGB IX frühzeitig Handlungsbedarf erkennt und je nach Bedingungsgefüge frühzeitig einen kompetenten Partner einbindet (der dann bei Bedarf wiederum das operative Netzwerk mobilisiert). Diesbezüglich kommt dem Betriebsarzt als Gesundheits-, Arbeitsplatz- und Sozialversicherungsexperten zweifelsohne eine zentrale Rolle zu.

Jedoch zeigte die oben genannte Untersuchung auch, dass die betriebsärztliche Versorgung insbesondere in kleinen und mittleren Betrieben trotz der Betreuungsvorgaben als lückenhaft eingeschätzt werden muss (siehe Tabelle 3). Dazu kommt, dass dem externen Betriebsarzt innerhalb der vorgeschriebenen Einsatzzeiten wenig Raum bleibt, Konzepte zur Erkennung eines frühzeitigen Bedarfs an Leistungen effektiv in die Praxis umzusetzen. Auch muss davon ausgegangen werden, dass nicht jeder Betriebsarzt zwangsläufig das Vertrauen der Mitarbeiter hat.

---

12 Kleffmann A., Rexrodt C. (2004): Vernetzung betriebsärztlicher und ambulanter Strukturen zur frühzeitigen Erkennung des individuellen Bedarfs an Leistungen. BMGS Nr. F 320.

	Größenklasse des Betriebs (Anzahl der Beschäftigten)		
	1 (bis 19)	2 (50 - 199)	3 (> 500)
Betriebe mit zumindest monatlicher Betreuung	1,50 %	9,14 %	74,00 %
Betriebe, die eine vierteljährliche oder halbjährliche Betreuung haben	6,02 %	45,18 %	16,00 %
Betriebe mit einer selteneren Betreuung	19,30 %	23,35 %	4,00 %
Betriebe ohne Betreuung	73,18 %	22,34 %	6,00 %

Tabelle 3: Differenzierung betriebsärztlicher Betreuung, aus: Kleffmann A., Rexrodt C. (2004): Vernetzung betriebsärztlicher und ambulanter Strukturen zur frühzeitigen Erkennung des individuellen Bedarfs an Leistungen. BMGS Nr. F 320, S. 6

Vor diesem Hintergrund wurde das nachfolgende Interview mit Dr. med. Wolfgang Panter geführt.

DR. MED. WOLFGANG PANTER, *Facharzt für Arbeits- und Allgemeinmedizin, seit 1984 leitender Betriebsarzt der Hüttenwerke Krupp Mannesmann GmbH, seit 1999 Präsident des Verbandes Deutscher Betriebs- und Werksärzte e.V. (VDBW), Autor zahlreicher Publikationen unter anderem zu den Themen „Betriebliche Suchtkrankenhilfe" und „Arbeitsschutzmanagement".*

Das Aufgabenspektrum eines Betriebsarztes bezüglich der Wiedereingliederung von Mitarbeitern ist umfassend (siehe oben, Anmerkung des Verfassers). *Unterscheidet sich das Aufgabenspektrum eines internen von dem eines externen Betriebsarztes?*
Der Ablauf einer Wiedereingliederung ist im Prinzip immer ähnlich, egal, ob in großen oder in kleinen Unternehmen. Das Aufgabenspektrum ist identisch. Zuerst muss die Information da sein, dass ein Mitarbeiter länger als sechs Wochen arbeitsunfähig ist und dann muss der Betriebsarzt an den Mitarbeiter rankommen. Der weitere Ablauf hängt dann vom Fall ab, aber nicht von der Betriebsgröße.

Wenn Sie ein betriebliches „Dream-Team" zusammenstellen dürften, wer würde dazu gehören?

In mittleren bis größeren Betrieben hat sich ein Team aus Betriebsrat, Schwerbehindertenvertretung, Personalwesen und Betriebsarzt bewährt. Das bedeutet, dass da nicht der Leiter, sondern ein operativ tätiger Mitarbeiter aus der Personalabteilung ist, und dass alle Beteiligten zur Verschwiegenheit verpflichtet werden. Erfolgsvoraussetzung ist zudem, dass in dieser Runde keine Fundamentalopposition betrieben wird und fallbezogen Lösungen erarbeitet werden. In größeren Unternehmen ist dann noch so etwas wie ein Manager notwendig, weil doch an sehr vielen Strippen gezogen werden muss. In kleineren Unternehmen ist die kleinste Einheit der mitarbeitende Unternehmer, der Betriebsarzt und fallabhängig weitere externe Partner.

Wann sollte denn der Betriebsarzt im BEM aktiv werden?

Zum einen sollte er bereits im Rahmen der vorgeschriebenen Untersuchungen beziehungsweise Begehungen ein Auge darauf haben, frühzeitig den Bedarf an Rehabilitation oder Arbeitsgestaltung zu erkennen. Im konkreten Fall hat sich bewährt, dass bereits der Erstkontakt durch den Betriebsarzt erfolgt, auch bei kleineren Betrieben. Der Betriebsarzt ist eine neutrale Person, er ist unabhängig. Alles was dort besprochen wird, unterliegt der Schweigepflicht. Das nimmt Ängste und schafft Vertrauen, insbesondere in wirtschaftlich schwierigen Zeiten.

Also bereits der Erstkontakt sollte über den Betriebsarzt erfolgen. Aber das kostet Geld und insbesondere für kleine und mittlere Betriebe ist der Kostendruck hoch.

Klar, aber meiner Meinung nach ist das das sinnvollste. Es sei denn, ein Unternehmen entscheidet sich für die klassischen Rückkehrergespräche mit Disziplinarcharakter. Jemand ist 14 Tage krank, dann gibt es ein erstes Gespräch. Irgendwann kommt dann das zweite mit Ermahnungscharakter. Das dritte ist dann quasi die Vorstufe zur Abmahnung und so weiter. Inzwischen rücken viele von diesen starren Regularien wieder ab. Arbeitgeber haben offensichtlich die Bedeutung erkannt, Mitarbeiter zu beteiligen, sich zu kümmern und langfristiger zu denken. Und da ist der Betriebsarzt die geborene Persönlichkeit, weil er unabhängig ist. Das gilt für den angestellten Werksarzt wie auch für den im überbetrieblichen Dienst tätigen Betriebsarzt. Das Geld kann eigentlich nicht der entscheidende Punkt sein. Ich vergleiche das mit einem Steuerberater, den jedes Unternehmen hat. Wir müssen da zu einer anderen Kultur kommen, insbesondere vor dem Hintergrund älter werdender Belegschaften und der Notwendigkeit, ältere und gute Mitarbeiter weiter beschäftigen zu müssen.

Könnte denn der Erstkontakt nicht auch durch den Betrieb erfolgen?
Ich kann mir nur schwer vorstellen, dass man das auf andere Personen delegieren kann. Die erste Aufklärung des Mitarbeiters wäre noch innerbetrieblich möglich: über die Rechtslage und die Konsequenzen informieren und den weiteren Ablauf aufzeigen. Das kann ein Betriebsrat oder eine Schwerbehindertenvertrauensperson gut machen. Sie können auch Ängste nehmen. Nur ist dann noch nichts eingeleitet. In komplexen Fällen und bei medizinischen Fragestellungen wird ohnehin ärztliche Kompetenz notwendig. Und dann ist man wieder beim Betriebsarzt. Wir bewegen uns schließlich an der Schnittstelle Gesundheit, Krankheit und Arbeitsplatz. Wer soll das sonst bewerten? Ein Hausarzt wird das nicht tun, weil er in der Regel die Arbeitsbedingungen nicht kennt. Das heißt aber nicht, dass im konkreten Fall nicht der Hausarzt eingebunden wird, zum Beispiel, wenn es um diagnostische Angelegenheiten geht.

Sind Betriebsärzte für alle möglichen Problemlagen, die ein BEM erfordern, die richtigen Ansprechpartner – also sowohl für physische als auch für psychosoziale Gesundheit?
Ja. Es gibt eine ganze Reihe von Fortbildungsveranstaltungen für Betriebsärzte, zum Beispiel hinsichtlich Mobbing. Damit möchte ich aber nicht die alleinige Kompetenz reklamieren. Es geht vor allem darum, bei Bedarf weitere Stellen einzubinden, zum Beispiel das Integrationsamt oder die Rentenversicherung.

Wer sind denn die wichtigsten externen Partner für Betriebe?
Das Integrationsamt ist ein sehr wichtiger, kompetenter und unbürokratischer Ansprechpartner, insbesondere bei größeren Arbeitsplatzgestaltungen oder Qualifizierung. In ähnlicher Weise die Rentenversicherung. Die Krankenkasse bei stufenweiser Wiedereingliederung. Die Unfallversicherung seltener wegen

des Rückgangs des Unfallgeschehens. Natürlich die behandelnden Ärzte, wenn es um die konkrete Wiedereingliederung geht. Die Reha-Servicestelle ist nach meiner Erfahrung eher schwierig, weil die Wege recht lang sind. Vielleicht sollten Reha-Servicestellen auf Integrationsämter zugreifen. Eine zentrale Telefonnummer gibt es leider nicht, aber das liegt nun mal an unserer föderalen Struktur und dem gegliederten Sozialsystem.

Im Rahmen der Regelbetreuung von Kleinunternehmen steht nur begrenzt Zeit zur Verfügung. Wie sieht gute BEM-Arbeit eines Betriebsarztes in diesem Rahmen aus?
Es gilt, ein Grundverständnis zu vermitteln. Zum einen sollten dem Arbeitgeber die gesetzliche Verpflichtung zum BEM und die arbeitsrechtlichen Konsequenzen erläutert werden – dem besonderen Kündigungsschutz bei Kleinstbetrieben ist dabei natürlich Rechnung zu tragen; zum anderen die Vorteile eines guten BEM insbesondere bei weitsichtigeren Unternehmern. Zu beachten ist, dass in vielen Kleinbetrieben aber nie ein BEM-Fall auftreten wird.

Sollte dieses Grundverständnis auch im Rahmen des Unternehmermodells vermittelt werden?
Ja. Mehr ist nicht notwendig. Alles andere ist ein klassischer Beratungsanlass. Allerdings liegt der inhaltliche Fokus im Unternehmermodell auf der Reduktion von Gesundheitsgefahren.

Wenn Sie als externer Betriebsarzt kleine und mittlere Unternehmen betreuen würden, was würden Sie von den Unternehmen in Sachen BEM mindestens erwarten?
Das Wichtigste ist, dass ich angesprochen werde: „Können Sie sich diesen Mitarbeiter einmal anschauen?" Das gilt insbesondere für Kleinst- und Kleinbetriebe, weil die ohnehin im Tagesgeschäft stecken. Wenn im Betrieb jemand da ist, der Ängste nehmen kann, dann wäre das auch hilfreich. Damit meine ich zum einen Aufklärungsarbeit durch Vertrauensleute. Zum anderen aber auch das klare Bekenntnis des Chefs gegenüber dem Mitarbeiter, eine gemeinsame Lösung finden zu wollen. Zum Beispiel die Bereitschaft von beiden Seiten zur Qualifizierung, um andere Einsatzbereiche zu erschließen; dabei darf auch ein Alter von über 50 kein Killerkriterium sein. Optimal wäre darüber hin-

aus eine Arbeitsplatzbeschreibung, aber insbesondere kleinere Betriebe sind damit häufig überfordert. Hier wäre vielleicht eine unkomplizierte Checkliste sinnvoll. Ausreichend ist für mich aber auch ein telefonischer Ansprechpartner, das kann in Kleinbetrieben der mitarbeitende Unternehmer sein, in Betrieben ohne Arbeitsschutzstruktur ein Vorgesetzter und in mittleren bis größeren Betrieben Sicherheitsfachkräfte. Im Verlauf der Maßnahmen wäre es dann optimal, wenn ich regelmäßig mit dem Mitarbeiter sprechen kann, möglicherweise auch telefonisch. Geht das nicht, dann sollte der Vorgesetzte ein Auge auf den Mitarbeiter haben und notfalls reagieren. Zum Beispiel sollten im Rahmen einer stufenweisen Wiedereingliederung nicht nur die Arbeitszeit, sondern bei Bedarf auch die Arbeitsinhalte angepasst werden.

Welche Rolle können Sicherheitsfachkräfte im BEM spielen?
In Fragen zur Ergonomie und Arbeitsplatzgestaltung können Sicherheitsfachkräfte eine neutrale Beratungsfunktion einnehmen und Lösungsvorschläge erarbeiten. Auch eine generelle Aufklärungsfunktion zum BEM ähnlich wie Betriebsräte oder Vertrauensleute ist denkbar, nur hört diese Rolle dann auf, wenn es um medizinische oder Verhaltensfragen geht. Aber bislang haben aus meiner Sicht Sicherheitsfachkräfte das Thema BEM noch nicht entdeckt.

Die Fragen stellte Christian Hetzel.

2.3.2 Die Sicherheitsfachkraft

Arbeitsschutzausschuss, Gefährdungsbeurteilung, Unterweisung, Arbeits-platzbegehung, Arbeitsplatzgestaltung, Planungsaktivitäten von technischen Anlagen und Gebäuden, Umgang mit Managementsystemen, gewachsene Kommunikationsstrukturen zu allen Akteuren der Arbeitssicherheit und des Gesundheitsschutzes – dies alles sind Potenziale, an denen erfolgreiches be-triebliches Eingliederungsmanagement anknüpfen kann. Sicherheitsfachkräfte können damit einen wichtigen Beitrag sowohl bei der Planung und Steuerung eines Eingliederungsmanagement-Systems als auch im konkreten Einzelfall leis-ten. Doch wie genau kann der Beitrag einer Sicherheitsfachkraft zum betrieb-lichen Eingliederungsmanagement aussehen? Und ist dabei zwischen internen und externen Sicherheitsfachkräften zu differenzieren?

Veröffentlichte Erfahrungsberichte oder Untersuchungen sind den Autoren nicht bekannt. Vor diesem Hintergrund ist das nachfolgende Gespräch mit Dieter Arnold entstanden.

DIETER ARNOLD, *seit 1971 bei der Fraport AG (Betreiberin des Flughafen Frankfurt), Mitbegründer und Organisator der Abteilung „Arbeitsschutz" in 1974, 17 Jahre als freigestelltes Betriebsratsmitglied, zehn Jahre als Arbeitnehmervertreter im Aufsichtsrat des Unternehmens, seit 1991 Leitung des Bereiches „Arbeitsschutz" und Funktion als Leitende Sicher-heitsfachkraft; seit 2001 noch in Personalunion Geschäftsfüh-rer des Fraport Tochterunternehmens „Medical-Airport-Service GmbH"; 14 Jahre als ehrenamtlicher Richter am Sozialgericht Frankfurt; heute ehrenamtlich Vorstandsmitglied der Unfallkasse Hessen (UKH) und des Verbandes Deutscher Sicherheitsingenieure (VDSI).*

Was sind bei der Fraport AG die wesentlichen Elemente des betrieblichen Eingliederungsmanagments – kurz BEM?

Das BEM ist in das Fraport-Gesundheits-Management integriert und Bestandteil unserer Personal-Service-Leistung, kurz PSL, die zur Unterstützung für unsere Strategischen Geschäftsbereiche fungieren. In PSL arbeiten die Bereiche Personal, Arbeitsschutz sowie Gesundheit und Soziales als Zentrale eng mit dezentral in den Strategischen Geschäftsbereichen angeordneten Personalbereichen zusammen. Ein Element des Fraport-Gesundheits-Managements sind Gesundheitsfördergespräche, die von unseren Führungskräften mit Mitarbeitern geführt werden, die besonders hohe Fehlzeiten aufweisen. Dabei soll ausschließlich geklärt werden, ob die Arbeitssituation des Mitarbeiters ursächlich für dessen Abwesenheit ist. Je nach Bedarf werden dann weitere Akteure, beispielsweise Sicherheitsfachkraft, Betriebsarzt oder Personaler einbezogen. Für das Führen von Gesundheitsfördergesprächen gibt es klare und eindeutige Vorgaben an die Führungskräfte im Sinne eines Leitfadens. Diese Vorgaben sind mit dem Betriebsrat abgestimmt beziehungsweise vereinbart. Über ein EDV-gestütztes „Ampelsystem" wird die Nachverfolgung der zu ergreifenden Maßnahmen in jedem Einzelfall sichergestellt. Darüber hinaus haben wir Projekte wie beispielsweise „Arbeit light", bei dem Mitarbeiter mit leichter Erkrankung oder eingeschränkter Verfügbarkeit für eine gewisse Zeit an zumutbaren Arbeitsplätzen arbeiten können. Bei langzeitkranken Mitarbeitern können Hausbesuche durchgeführt werden. Und dann haben wir noch einen ganzen Strauß von Präventivmaßnahmen, die sich an gesunde Mitarbeiter richten und zur Verbesserung der Rahmenbedingungen bezogen auf Arbeitsprozesse, -bedingungen und -umfeld bestimmt sind. Dies sind zum Beispiel Gefährdungsanalysen, Gesundheitszirkel, Unfalluntersuchungen, Ideenmanagement, Maßnahmen aufgrund von Erkenntnissen betriebsärztlicher Untersuchungen oder Maßnahmen zum Erlangen des AOK-Gesundheitsbonus durch kontinuierliche Verbesserungsprozesse in der Arbeitssicherheit und im Gesundheitsschutz. Insgesamt sollen durch das „Fraport-Gesundheitsmanagement" Motivation, Produktivität und Zufriedenheit gefördert, persönliches Leid verhindert und unnötige Kosten vermieden werden.

Inwiefern sind Sie im Rahmen Ihrer Tätigkeit als Sicherheitsfachkraft bereits mit BEM in Kontakt gekommen?
In der Vergangenheit waren unsere Sicherheitsfachkräfte bei unfallbedingten Ausfallzeiten schon immer eingebunden, bei Krankheiten oder Leistungswandlung eher weniger. Inzwischen haben wir es aber verstärkt mit den zuletzt genannten Herausforderungen zu tun.

Und was genau ist Ihre Rolle im BEM?
Wenn es ganz konkret um die Eingliederung einzelner Mitarbeiter geht, sind wir beteiligt durch Gefährdungs- und Belastungsanalysen und entwickeln Maßnahmen am Arbeitsplatz oder im Arbeitsprozess, die eine Wiedereingliederung des Leistungsgewandelten ermöglichen. Wenn zum Beispiel im Rahmen des Gesundheitsfördergesprächs raumklimatische Verhältnisse beanstandet werden, dann sind Sicherheitsfachkraft und Betriebsarzt gefordert. Sie entscheiden, ob eine Arbeitsplatzbegehung notwendig ist, und welche Maßnahmen zur Mängelbeseitigung umgesetzt werden sollten. Bei Bedarf werden eventuell noch der Unfallversicherungsträger oder die zuständige Krankenkasse eingebunden. Aber auch jenseits von Einzelfällen sind wir als Sicherheitsfachkräfte dabei. So werden im Arbeitsschutzausschuss auch grundsätzliche Fragen zum BEM besprochen, zum Beispiel, wenn es um die Schulung von Führungskräften geht. Oder bei der Suche nach und der Organisation von Arbeitsplätzen, die den Fähigkeiten von leistungsgewandelten Mitarbeitern entsprechen, beispielsweise im Bereich der Flugzeugbeladung und -entladung an heißen Tagen gekühlte Getränke und Obst an unsere Beschäftigten verteilen, Reinigungsarbeiten in Sozialräumen durchführen, Qualifizierung zur Geräteüberprüfung nach der BGV A3, Botengänge oder Security-Dienste an Tür- und Torkontrollen. Ständig suchen wir nach weiteren Möglichkeiten, um leistungsgewandelte Mitarbeiter in ihrem bisherigen betrieblichen Umfeld weiter einsetzen zu können.

Kann die Gefährdungsbeurteilung ein Instrument im BEM sein?
Natürlich. Bei der Suche nach alternativen Arbeitsplätzen greifen wir bei der Fraport AG zunehmend auf ein Arbeitsplatzkataster zurück, in dem jeder Arbeitsplatztyp mit einer Stellenbeschreibung, einer Belastungs- und Gefähr-

dungsanalyse sowie den Qualifikationsanforderungen hinterlegt ist. Die Pflege der Belastungs- und Gefährdungsanalyse wird zentral durchgeführt und obliegt der Sicherheitsfachkraft.

Könnte BEM auch ein Thema für eine Unterweisung sein?
Ja, zum Beispiel in Seminaren zur Sensibilisierung von Führungskräften zur Arbeitssicherheit und zum Gesundheitsschutz ist das BEM ein Thema. Aus solchen Seminaren resultiert auch die Pflichtenübertragung für Führungskräfte. Die Seminare werden in Zusammenarbeit mit unserem Unfallversicherungsträger der Unfallkasse Hessen, von einem Betriebsarzt, einer Sicherheitsfachkraft und der Personalabteilung inhaltlich gestaltet. Die Organisation liegt bei der Sicherheitsfachkraft und der Unfallkasse.

Wenn Sie für ein BEM ein betriebliches „Dream-Team" zusammenstellen dürften, wer würde innerbetrieblich dazu gehören? Wer sind externe Partner?
Die Federführung liegt bei der Fraport AG bei der Personalabteilung. Mit dabei sind der Betriebsarzt, die Fachkraft für Arbeitssicherheit, die Führungskraft, der Betriebsrat und die Schwerbehindertenvertretung. Als externe Partner sind in unserem Fall die Unfallkasse Hessen und die AOK Hessen beteiligt. Die AOK deswegen, weil die meisten unserer Mitarbeiter dort versichert sind. Ich denke, eine solche Besetzung ist für alle Unternehmen sinnvoll.

Angenommen, eine Sicherheitsfachkraft möchte sich verstärkt im BEM engagieren. Mit welchen Argumenten würden Sie den Arbeitgeber zu überzeugen versuchen?
Ich würde zunächst an die ethisch-moralische Verpflichtung appellieren. Da kann man schon einiges erreichen. Dann würde ich die gesetzliche Verpflichtung des Arbeitgebers erläutern. Am besten ist es natürlich, den wirtschaftlichen Benefit darzulegen. Das ist bekanntermaßen schwierig und nur über einen längeren Zeitraum nachweisbar.

Sie sind neben Ihrer Tätigkeit bei der Fraport AG auch Geschäftsführer eines Unternehmens, bei dem Sie sicherheitstechnische und arbeitsmedizinische Dienstleistungen anbieten. Sehen Sie Unterschiede zwischen internen und externen Sicherheitsfachkräften insbesondere hinsichtlich BEM?

Interne Sicherheitsfachkräfte haben in der Regel mehr Detailkenntnisse über das Unternehmen und die betrieblichen Prozesse, Belastungen und Gefährdungen. Meist verfügen sie auch über ein gut ausgebautes betriebliches Netzwerk. Beide, interne und überbetrieblich eingesetzte Sicherheitsfachkräfte, erbringen ähnliche Beratungs- und Dienstleistungen und beide müssen gegenüber dem Arbeitgeber überzeugend argumentieren. Für die extern eingesetzte Sicherheitsfachkraft ist die mögliche Mitwirkung beim BEM deutlich schwieriger. Bislang ist ein BEM in Klein- und Mittelbetrieben kaum organisiert.

Sollten sich Sicherheitsfachkräfte in Ihren Augen Zusatzqualifikationen bezüglich BEM erwerben?
Auf jeden Fall. Als Sicherheitsfachkräfte müssen wir uns dringend den neuen Herausforderungen stellen, mit denen sich die Betriebe verstärkt konfrontiert sehen. Durch entsprechende gesetzliche Regelungen, wie beispielsweise das Geräte- und Produkthaftungsgesetz, konnten die betrieblich-technischen Herausforderungen weitgehend gemeistert werden. Deutlich angestiegen sind die Anforderungen in Verbindung mit dem demografischen Wandel und mit zunehmenden psychischen Belastungen zum Beispiel durch Arbeitsverdichtung. Hier müssen wir uns als Fachkräfte für Arbeitssicherheit auf den neuesten Stand bringen und lernen, dass gerade die „weichen" Faktoren eine immer größere Rolle im Arbeits- und Gesundheitsschutz spielen. Zum Beispiel haben wir bei der Fraport AG das Arbeitsplatzkataster mit Unterstützung des Betriebsarztes inzwischen um die psychischen Belastungen an einzelnen Arbeitsplatztypen ergänzt. BEM ist aber nur eine Facette. Ich sehe das umfassender und rate den Sicherheitsfachkräften, dass sie sich zukünftig als „Sicherheitsmanager" in Richtung Personal- und Gesundheitsmanagement verstehen und präsentieren sollten.

Die Fragen stellte Christian Hetzel.

3 Das Fundament legen

Trotz aller Vorbeugungsmaßnahmen kann es sein, dass ein Mitarbeiter krank wird, beispielsweise plötzlich durch einen Verkehrsunfall oder schleichend wegen zunehmender Rückenbeschwerden. Blinder Aktionismus und „Notfalloperationen" sind dann wenig zielführend. Besser ist es, bereits im Vorfeld das Fundament für den Ernstfall zu legen. Eine Orientierung bieten folgende Schritte, die in den Kapiteln 3.1 bis 3.6 erläutert werden.

Die ersten Schritte

1. Der Unternehmer legt die **Ziele** fest, bestimmt die **betriebliche Ansprechperson** als Vertrauensperson und versorgt diese mit Informationsmaterial (zum Beispiel Praxishilfen, Schulung)[*].

2. Unternehmer oder Ansprechperson knüpfen erste Kontakte zu **externen Partnern**, um das Fundament zu festigen und um für den Ernstfall vorbereitet zu sein.

3. Unternehmer und Ansprechperson legen **wichtige Regeln** fest, zur Steigerung der Akzeptanz am besten gemeinsam mit Führungskräften und ausgewählten Mitarbeitern[*].

4. Die gesamte Belegschaft über Ziele und wichtige Regeln **informieren**.

5. **Mögliche Kandidaten** erkennen und sie der Ansprechperson nennen[**].

6. Der Unternehmer kann einen Antrag auf **Bonus und Prämien** bei den Rehabilitationsträgern und beim Integrationsamt stellen.

---

[*] *Sofern ein Betriebs-/Personalrat vorhanden ist, muss dieser Schritt mit diesem gemeinsam durchgeführt werden. Eine vorhandene Schwerbehindertenvertretung sollte gehört werden.*

[**] *Sofern vorhanden, ist der Betriebs-/Personalrat und bei schwerbehinderten Mitarbeitern die Schwerbehindertenvertretung zu informieren.*

3.1 Ziele und die betriebliche Ansprechperson bestimmen

Ein Ziel ist wie eine Überschrift und gibt den roten Faden vor. Dies gilt auch für das betriebliche Eingliederungsmanagement. Ferner muss der Unternehmer folgende grundlegende Entscheidung treffen: Will ich alles selbst in die Hand nehmen oder delegiere ich (Teil-)Aufgaben an einen Mitarbeiter? Die Antwort auf diese Frage hängt insbesondere von der Unternehmensgröße und -kultur ab. Sofern ein Betriebs-/Personalrat vorhanden ist, bedarf dies der Abstimmung. Gibt es eine Schwerbehindertenvertretung, so sollte auch diese von vorneherein eingebunden werden.

Ziele

In folgenden Fällen ...

- Ein Mitarbeiter ist lang oder wiederholt krank (gesetzliche Pflicht: 42 Arbeitsunfähigkeitstage in den letzten zwölf Monaten, siehe Kapitel 3.5),
- Arzt attestiert einem Mitarbeiter Einsatzeinschränkungen,
- Arzt, Fachkraft für Rehabilitation oder Mitarbeiter regt eine stufenweise Wiedereingliederung an,
- Führungskräfte erkennen einen Unterstützungsbedarf für einen Mitarbeiter,
- Mitarbeiter sucht in Krankheitsfragen Unterstützung,
- Sonstige Hinweise auf Gefährdungen am Arbeitsplatz oder andere Risiken für die Beschäftigungsfähigkeit der Mitarbeiter

... sollen folgende Ziele gelten:

- das Gesundwerden fördern,
- eine chronische Erkrankung vermeiden,
- krankheitsbedingte Arbeitsunfähigkeiten überwinden,
- einer erneuten Arbeitsunfähigkeit vorbeugen und
- den Arbeitsplatz erhalten.

Der Unternehmer selbst oder eine „Ansprechperson"?

Neben der Entlastung der Betriebsführung ist eine „Ansprechperson" insbesondere bei der Durchführung sensibler Teilaufgaben (zum Beispiel Erstkontakt, Entwicklung von Lösungsansätzen) von großem Vorteil: Der Kontrolleffekt durch den Vorgesetzten entfällt, Zielkonflikte zwischen Vorgesetztem und

Mitarbeiter treten in den Hintergrund. Daher ist die Hemmschwelle für den betroffenen Mitarbeiter meist geringer und ein offenes Gespräch wahrscheinlicher. Eigenverantwortung, Eigenaktivität und Kreativität bei der Entwicklung von Lösungsansätzen werden stimuliert. Der Vorgesetzte muss weniger Zeit investieren, weil er nur noch über das Machbare entscheiden und nicht erst langwierig Lösungen entwickeln muss. Nicht zuletzt zeigt sich die Betriebsführung als mitarbeiterorientierte Persönlichkeit. Auch, wenn die Betriebsführung Teilaufgaben delegiert, trägt sie bei der Umsetzung von Maßnahmen die letzte Verantwortung.

Anforderungen an die Ansprechperson

Die Ansprechperson ....

- ... ist von den meisten Mitarbeitern anerkannt;
- ... hat die Gelegenheit, sich in die Grundlagen der Thematik einzuarbeiten, zum Beispiel mit den vorliegenden Praxishilfen oder einer Schulung;
- ... hat die notwendigen Zeitressourcen;
- ... sollte eine Vertrauensperson sein. Das bedeutet: Die Ansprechperson hat über personenbezogene Daten Verschwiegenheit zu bewahren und ist diesbezüglich niemandem – auch nicht der Betriebsführung – berichtspflichtig; also bleiben all die persönlichen Dinge und insbesondere Details zur Gesundheit, die ein Mitarbeiter mit der Ansprechperson bespricht, solange unter Verschluss, bis der Mitarbeiter der Datenweitergabe zustimmt, wozu er nicht gezwungen werden darf. Diese Regeln zur Verschwiegenheit der Ansprechperson sollten schriftlich vereinbart sein (siehe auch Kapitel 3.3).

Wer soll die Ansprechperson sein?

- Ein engagierter und vertrauensvoller Mitarbeiter:
  - + in der Regel hohe Akzeptanz bei den Mitarbeitern,
  - – Minimalkompetenz für die Themen „Arbeit, Gesundheit, Krankheit" und im Bereich des Datenschutzes muss möglicherweise noch erworben werden,
- oder, sofern vorhanden, der Betriebsrat:
  - + in der Regel hohe Akzeptanz bei den Mitarbeitern,
  - + Vertrauensperson kraft Amtes,

- + hohe Kompetenz insbesondere in rechtlichen Fragen, zum Beispiel Datenschutz,
  - – Minimalkompetenz für das Thema „Arbeit, Gesundheit, Krankheit" muss möglicherweise noch erworben werden,
  - – Gefahr der Vermischung des BEM mit Unternehmenspolitik,
- ▪ oder, sofern vorhanden, die Schwerbehindertenvertretung:
  - + hohe Kompetenz insbesondere für das Thema „Arbeit, Gesundheit, Krankheit",
  - + Kontakte zum Integrationsamt,
  - + Vertrauensperson kraft des Amtes,
  - – die Akzeptanz bei nicht schwerbehinderten Menschen kann möglicherweise gering sein,
- ▪ oder die Fachkraft für Arbeitssicherheit:
  - + hohe Kompetenz in Teilbereichen des Themas „Arbeit und Gesundheit",
  - +/- Akzeptanz bei den Mitarbeitern hängt von der jeweiligen Persönlichkeit ab,
  - – keine Vertrauensperson kraft des Amtes,
- ▪ oder der Betriebsarzt:
  - + sehr hohe Kompetenz für das Thema „Arbeit, Gesundheit, Krankheit",
  - + Vertrauensperson kraft des Amtes (ärztliche Schweigepflicht),
  - – hohe Kosten.

Praxishilfen „Die betriebliche Ansprechperson bestimmen"

- ▪ Checkliste: Wo steht das Unternehmen? (siehe S. 78)
- ▪ Muster: Vereinbarung zur Verschwiegenheit der Ansprechperson (siehe S. 109)

3.2 Externe Partner einbinden

Zur Unterstützung der betriebseigenen Ressourcen gibt es gesetzliche und damit kostenfreie Beratungs- und Unterstützungsangebote der Rehabilitationsträger, sowohl für das „Fundament" als auch dann, wenn ein Mitarbeiter krank ist. Vielfach bieten auch Innungen, Kammern und Verbände Unterstützung. Eine Ergänzung zu den betrieblichen Anstrengungen – aber keine Alternative – kann sein, sich Leistungen beispielsweise von

*Betriebsärzten, Sicherheitsfachkräften und Disability Managern einzukaufen. Einen
Überblick bietet die Tabelle 4.*

Betriebseigene Ressourcen (sofern vorhanden)	Beratungsressourcen der Rehabilitationsträger	Einkaufsmodell
• Unternehmer, • „wichtige" Mitarbeiter, • Betriebsrat, • Schwerbehindertenvertretung, • Sicherheitsfachkraft, • Betriebsarzt.	• Krankenkasse, • Unfallversicherung, • Rentenversicherung, • Reha-Servicestelle, • Integrationsamt, • Integrationsfachdienst, • Agentur für Arbeit.	• Betriebsärztlicher Dienst, • Berufsförderungswerk, • Freiberuflicher Disability Manager, • Reha-Dienst, • Unternehmensberatung, • Freiberufliche Sicherheitsfachkraft, • Experten anderer Unternehmen.

Tabelle 4: Akteure und Experten im BEM aus Sicht der Unternehmen

Gesetzliche Beratungs- und Unterstützungsangebote

Insbesondere Rehabilitationsträger und Integrationsämter bieten den Unternehmen Wissen und konkrete Hilfen rund um die Themen Prävention, Rehabilitation und Rente. Je nach Ausgangsproblematik stehen dem Arbeitgeber
und dem betroffenen Mitarbeiter Leistungen zu; dafür zahlen beide monatliche
Beiträge und dazu sind die Rehabilitationsträger verpflichtet (siehe „Leistungen
zur Teilhabe"). Einen einheitlichen Ansprechpartner gibt es leider nicht. Je
nach Region und Branche haben sich verschiedene Partner hervorgetan. Aus
diesem Grund ist es sinnvoll, eine aktuelle Liste über einen oder mehrere externe Ansprechpartner der Region zu haben, der/die bei Fragen zum Problem-
feld „Arbeit, Gesundheit, Krankheit, chronische Erkrankung, Rehabilitation,
Wiedereingliederung, Rente" kontaktiert wird/werden. Die wichtigsten Partner
sind die Reha-Servicestellen und das Integrationsamt. In der Praxis kann und
sollte man sich bei Anlaufschwierigkeiten bei der Reha-Servicestelle auch
direkt an die einzelnen Rehaträger wenden. Neben den gesetzlichen Angeboten bieten zum Teil auch Gesundheitsexperten bei Innungen und Kammern
Unterstützung.

Die „Leistungen zur Teilhabe" im Rahmen der Sozialen Sicherheit

Die so genannten „Leistungen zur Teilhabe" sind gesetzliche Leistungen, die unter anderem folgende Aufgaben haben:

- Prävention, das heißt, chronische Erkrankung und Behinderung abwenden, beseitigen, mindern, ihre Verschlimmerung verhüten oder die Folgen mildern;
- Erhalt der Erwerbsfähigkeit, das heißt, Einschränkungen der Erwerbsfähigkeit vermeiden, überwinden, mindern oder ihre Verschlimmerung verhüten;
- Dauerhafte Sicherung der Teilhabe am Arbeitsleben entsprechend den Neigungen und Fähigkeiten.

Zu den Leistungen zur Teilhabe zählen insbesondere[13]

- Leistungen zur medizinischen Rehabilitation,
  unter anderem Behandlung durch Ärzte, Arznei- und Verbandmittel, Therapien, medizinische, psychologische und pädagogische Hilfen, Hilfsmittel, stufenweise Wiedereingliederung,
- Leistungen zur Teilhabe am Arbeitsleben,
  unter anderem Hilfen zur Erhaltung des Arbeitsplatzes einschließlich Trainingsmaßnahmen und Mobilitätshilfen, berufliche Anpassung und Weiterbildung, medizinische, psychologische und pädagogische Hilfen, Arbeitsassistenz, Eingliederungszuschüsse, Zuschüsse für Arbeitshilfen im Betrieb, technische Maßnahmen.

Diese Leistungen werden von den Trägern der Sozialen Sicherheit – kurz Rehabilitationsträger – im Rahmen ihrer Hauptaufgabenstellung wahrgenommen.

Die wichtigsten Träger sind

- Deutsche Rentenversicherung,
- Gesetzliche Krankenversicherung,

---

13 Hier werden nur die Leistungen aufgeführt, die einen direkten Bezug zur Rehabilitation und zur Wiedereingliederung an den Arbeitsplatz haben. Darüber hinaus gibt es noch Leistungen zur Teilhabe am Leben in der Gemeinschaft sowie unterhaltssichernde und andere ergänzende Leistungen zur Teilhabe. Für einen umfassenden Überblick siehe BAR (2005): http://www.bar-frankfurt.de
Einen guten Überblick bietet auch: http://www.deutsche-sozialversicherung.de

- Gesetzliche Unfallversicherung (zum Beispiel die Berufsgenossenschaften, die Unfallkassen),
- Bundesagentur für Arbeit,
- Integrationsämter einschließlich der Integrationsfachdienste[14].

Verbindliche Auskunft zu möglichen Leistungen kann jeweils nur der zuständige Rehabilitationsträger geben. Nun ist es häufig nicht gerade einfach, für eine spezifische Problemstellung den zuständigen Rehabilitationsträger ausfindig zu machen. Aus diesem Grund gibt es die so genannte „Reha-Servicestelle" (www.reha-servicestellen.de). Eine derartige Stelle gibt es bundesweit in jedem Landkreis/jeder kreisfreien Stadt. Die Reha-Servicestellen können je nach Region qualifizierte Beratung und Unterstützung „aus einer Hand" anbieten. Zu den Aufgaben gehören insbesondere die Ermittlung der Leistungen, die dem Mitarbeiter zustehen, und das Auffinden des zuständigen Rehabilitationsträgers.

Die Rehabilitationsträger und die Integrationsämter haben sich gemäß §§ 6, 7 der von den Rehabilitationsträgern verabschiedeten Gemeinsamen Empfehlung „Prävention nach § 3 SGB IX" dazu verpflichtet, die Arbeitgeber beim BEM zu unterstützen. Darauf können sich die Arbeitgeber beziehen und ihrem Anliegen bei Bedarf Nachdruck verleihen.

Stufenweise Wiedereingliederung

Die stufenweise Wiedereingliederung ist ein für Arbeitgeber und für Beschäftigte interessantes Instrument und soll daher kurz vorgestellt werden. Die stufenweise Wiedereingliederung dient dazu, arbeitsunfähige Beschäftigte nach länger andauernder, schwerer Krankheit im Rahmen eines ärztlich überwachten Stufenplans schrittweise an die volle Arbeitsbelastung am bisherigen Arbeitsplatz heranzuführen und so den Übergang zur vollen Berufstätigkeit zu erleichtern. Die stufenweise Wiedereingliederung eines arbeitsunfähigen Beschäftigten erfolgt freiwillig und bedarf der Zustimmung des betroffenen

---

14   Die Integrationsämter einschließlich der Integrationsfachdienste sind im strengen Sinne keine Träger der Rehabilitation, sie erbringen aber – für schwerbehinderte Menschen – ähnliche Leistungen.

Beschäftigten *und* des Arbeitgebers. Während der stufenweisen Wiedereingliederung ist der Beschäftigte weiterhin arbeitsunfähig und bezieht Kranken-, Verletzten- oder Übergangsgeld. Durch die stufenweise Wiedereingliederung entstehen dem arbeitsunfähigen Versicherten keine versicherungsrechtlichen Nachteile im Hinblick auf Rente oder Arbeitslosengeld. Die Dauer der stufenweisen Wiedereingliederung beträgt in der Regel zwischen sechs Wochen und sechs Monaten. Auf die stufenweise Wiedereingliederung hat der Beschäftigte keinen Rechtsanspruch gegen seinen Arbeitgeber, es sei denn, er ist schwerbehindert oder gleichgestellt. Allerdings ist der Arbeitgeber durch § 84 Abs. 2 SGB IX gehalten, im Rahmen des betrieblichen Eingliederungsmanagements die Möglichkeit einer stufenweisen Wiedereingliederung sorgfältig zu prüfen und in seine Überlegungen zur Vermeidung weiterer Arbeitsunfähigkeit des Beschäftigten einzubeziehen. Sie ist nicht durchführbar, wenn der Arbeitgeber glaubhaft macht, den Arbeitnehmer unter den vom behandelnden Arzt genannten Vorgaben nicht beschäftigen zu können.[15]

Leistungen einkaufen

Je nach Region gibt es qualifizierte Dienstleister, die Leistungen zur Durchführung des betrieblichen Eingliederungsmanagements anbieten. Dazu zählen Betriebsärzte, Sicherheitsfachkräfte sowie Disability Manager (siehe www.disability-manager.de). Letztere arbeiten freiberuflich oder sind angestellt in Berufsförderungswerken, Reha-Diensten und bei einigen Unternehmensberatungen. Allerdings hat die Erfahrung gezeigt, dass Unterstützung von außen nur dann sinnvoll ist, wenn innerbetrieblich ein Mindestmaß an Bewusstsein, Akzeptanz und Kompetenz für die Thematik vorhanden ist. Dazu bietet dieses Kapitel 3 eine Orientierung.

---

15 Die Bundesarbeitsgemeinschaft für Rehabilitation hat für die stufenweise Wiedereingliederung einen praxisnahen Leitfaden mit Handlungsanleitungen veröffentlicht. Die Arbeitshilfe dient der Orientierung und ist ein Nachschlagewerk, das durch einige Fallbeispiele illustriert wird. Download unter http://www.bar-frankfurt.de → Publikationen → Arbeitshilfen

Praxishilfen „Mit externen Partnern kooperieren"

- Muster: Beratungs- und Unterstützungsangebote (siehe S. 91)
- Information: Gesetzestext §§ 6, 7 der von den Rehabilitationsträgern verabschiedeten Gemeinsamen Empfehlung „Prävention nach § 3 SGB IX" (siehe S. 117)
- Information: Förderinstrumente (siehe S. 120)

3.3   Regeln festlegen

Zur Umsetzung der Ziele sollten die wesentlichen Handlungsschritte festgelegt werden, damit der Umgang mit Krankheit kein „Feuerlöschen" wird. Die Kunst ist, die Balance zu finden zwischen standardisierten Regeln und individuell angemessenem Vorgehen. In jedem Fall aber müssen die Selbstbestimmung des betroffenen Mitarbeiters und der Datenschutz beachtet werden. Ferner kann es von Vorteil sein, die Regeln gemeinsam mit Führungskräften und ausgewählten Mitarbeitern zu erstellen. Denn Transparenz und Mitarbeiterbeteiligung schaffen Vertrauen. Vertrauen bedeutet hier, den Mitarbeitern etwas zuzutrauen, sich zu trauen und damit Selbstvertrauen aufzubauen. Intransparenz erzeugt das Gegenteil, und zwar Misstrauen. Sofern ein Betriebs-/Personalrat vorhanden ist, müssen die grundlegenden Regeln mit ihm abgestimmt werden.

Regeln

Die Ziele, die Zielgruppe und die wesentlichen Handlungsschritte inklusive Verantwortlichkeiten sollten festgelegt werden (siehe Kapitel 4 Einleitung):

1. Erstkontakt: Mitarbeiter ansprechen und informieren,
2. Ausgangslage erfassen und Lösungsansätze entwickeln,
3. Maßnahmen planen,
4. Maßnahmen durchführen und bewerten.

Dabei sind in jedem Fall die Selbstbestimmung des betroffenen Mitarbeiters und der Datenschutz zu berücksichtigen. Zur Steigerung der Akzeptanz sollten Führungskräfte und ausgewählte Mitarbeiter angemessen beteiligt werden, denn gemeinsam und breit akzeptierte Lösungen sind am wirkungsvollsten. Sofern ein Betriebs-/Personalrat vorhanden ist, müssen die grundlegenden

Regeln mit ihm abgestimmt werden. Sofern eine Schwerbehindertenvertretung vorhanden ist, sollte auch deren Erfahrung eingebunden werden. In Unternehmen mit Betriebs-/Personalrat kann der Abschluss einer Betriebs-/Dienstvereinbarung sinnvoll sein. Ist eine Schwerbehindertenvertretung vorhanden, kann auch eine Integrationsvereinbarung abgeschlossen werden. Anregungen und Mustervorlagen sind zu finden zum Beispiel auf

- www.iqpr.de → Diskussionsforum B
- www.teilhabepraxis.de
- www.schwbv.de/eingliederungs_management.html
- www.rehadat.de

Selbstbestimmung des betroffenen Mitarbeiters

Selbstbestimmung ist ein Kernprinzip des Sozialgesetzbuches SGB IX, in dem auch das betriebliche Eingliederungsmanagement verankert ist. In § 84 Abs. 2 SGB IX ist zudem das Erfordernis der Zustimmung des Betroffenen ausdrücklich erwähnt. Die Handlungsschritte müssen daher berücksichtigen,

- dass ein Mitarbeiter nur freiwillig an Maßnahmen teilnimmt,
- dass aufgrund einer eventuellen Nichtteilnahme keine arbeitsrechtlichen Konsequenzen drohen,[16]
- dass jeder einzelne Schritt der Zustimmung des Mitarbeiters bedarf. Es besteht keine rechtliche Pflicht des Mitarbeiters zur Mitwirkung am BEM, das heißt, der Arbeitgeber darf nicht von ihm verlangen, dass er am BEM oder an einzelnen Maßnahmen teilnimmt.

Datenschutz

Daten sind alle Informationen unabhängig von ihrem Verarbeitungsgrad. Der Datenschutz regelt den Umgang mit personenbezogenen Daten, insbesondere, wer wann welche personenbezogenen Daten einsehen und nutzen darf. Rechts-

---

16 Inwieweit die Ablehnung eines BEM durch den Beschäftigten im Falle eines eventuellen Rechtsstreits um eine krankheitsbedingte Kündigung von den Gerichten als für den Betroffenen – mittelbar – nachteilhaft bewertet werden wird, kann derzeit nicht mit Sicherheit eingeschätzt werden. Das Freiwilligkeitsprinzip des BEM spricht aber klar dagegen.

grundlagen sind die Datenschutzgesetze und in anderen Gesetzen verstreute Vorschriften. Nach diesen Regelungen sind insbesondere gesundheitsbezogene Daten wie sie im BEM häufig benötigt werden als so genannte „sensible Daten" schon per se besonders vor Missbrauch zu schützen. Bekanntes Beispiel für diesen Schutz ist die ärztliche Schweigepflicht (siehe auch § 203 StGB). Sollen solche Daten dennoch mit ausgetauscht werden, müssen die strafrechtlich zur Verschwiegenheit verpflichteten Personen, in der Regel Ärzte, ausdrücklich und schriftlich von ihrer Schweigepflicht entbunden werden. Ansonsten reicht für den Austausch von Daten eine – grundsätzlich schriftliche – Einwilligung nach vorheriger Aufklärung aus.

Im BEM besteht nun zusätzlich zur besonderen Sensibilität der gegebenenfalls erhobenen Daten eine besondere Interessenlage, deretwegen der Datenschutz eine noch größere Bedeutung erlangt: Liegen die gesetzlichen Voraussetzungen des § 84 Abs. 2 SGB IX vor, kann je nach Einzelfall auch die Frage einer krankheitsbedingten Kündigung im Raum stehen. Daher hat der Beschäftigte natürlich ein hohes Interesse daran, dass sein Arbeitgeber im Rahmen des BEM nicht etwa Informationen erhält, mit denen er eine krankheitsbedingte Kündigung einfacher begründen kann, als es ohne das BEM der Fall sein würde.

Soll gemeinsam mit dem Arbeitgeber konstruktiv nach Lösungen gesucht werden, müssen andererseits aber auch Informationen fließen. Das darf aber nicht zum Vorwand genommen werden, den Mitarbeiter nach seinen Diagnosen zu befragen. Die Frage, ob der konkrete Arbeitsplatz oder eine konkret vorgeschlagene Maßnahme mit der Gesundheit des Mitarbeiters zu vereinbaren ist, sollte jedoch beantwortet werden können. Denn ansonsten kann ein BEM nicht ausgeführt werden. Die Grenzen zwischen notwendigen und zu weit gehenden Informationen sind wiederum unscharf, umfassendes Vertrauen des Beschäftigten zum Arbeitgeber/zur Personalabteilung ist nur schwer herzustellen. Das so entstehende Spannungsverhältnis lässt sich am besten dadurch lösen, dass im Betrieb eine Ansprechperson für das BEM zur Verfügung steht, die dem Arbeitgeber gegenüber Verschwiegenheit über die ihr anvertrauten Informationen bewahren muss (siehe Kapitel 3.1). So können die Informationen auf betrieblicher Ebene für das BEM genutzt werden, ohne dass die negativen Konsequenzen von zusätzlichem Informationsfluss zu befürchten sind. Für die

Rolle der Ansprechperson bietet sich der (interne oder externe) Betriebsarzt an, der schon per Gesetz zur Verschwiegenheit über die ihm zur Kenntnis gelangten Informationen verpflichtet ist.

Auch vor dem Hintergrund des Datenschutzes muss der Arbeitgeber natürlich die Möglichkeit haben, nachzuweisen und zu kontrollieren, ob er seine Verpflichtung zum BEM eingehalten hat. Entsprechende Informationen kann er also durchaus in der Personalakte dokumentieren (mehr als sechs Wochen Arbeitsunfähigkeit; Einleitung eines BEM; Annahme/Ablehnung des BEM-Angebots; vereinbarte Maßnahmen, soweit sie den Arbeitgeber betreffen; Vermerk, ob BEM einvernehmlich beendet wurde oder nicht). Wird vor Eintreten der gesetzlichen Voraussetzungen Initiative ergriffen, ist eine solche Dokumentation aber unzulässig. Informationen werden dann nur bei der Ansprechperson vorgehalten.

Der für alle Beteiligten nachvollziehbare Umgang mit sensiblen Daten ist insgesamt eine wesentliche Erfolgsvoraussetzung. Bei Beachtung folgender Regeln ist die Wahrung der Datensicherheit und des Datenschutzes für alle Beteiligten sichergestellt[17]:

- Jeder Mitarbeiter hat jederzeit das Recht zu erfahren, ob und welche gesundheitsbezogenen Daten zu seiner Person im Betrieb dokumentiert worden sind.
- Die Verschwiegenheit der Ansprechperson – auch gegenüber dem Arbeitgeber und Personen, die Personalentscheidungen treffen – ist schriftlich festgelegt.
- Die Ansprechperson bewahrt personenbezogene Daten – sofern derartige Daten erhoben werden – in verschlossenen Schränken auf; bei elektronischen Informationen gibt es Passwortschutz.
- Der betroffene Mitarbeiter und die Ansprechperson unterzeichnen eine Vereinbarung zum Schutz persönlicher Daten.

---

17 Im Rahmen des von iqpr gemeinsam mit den Berufsförderungswerken durchgeführten EIBE-Projektes wurde ein umfassendes Konzept zum Datenschutz für kleinere und mittlere Unternehmen entwickelt; Grundlegendes zum Datenschutz im BEM können Sie auch dem Diskussionsbeitrag B 3-2006 auf der beiliegenden CD-ROM entnehmen.

- Der betroffene Mitarbeiter entscheidet nach Aufklärung durch die Ansprechperson, ob und gegebenenfalls welche personenbezogenen Daten an Dritte weitergegeben werden. Als Dritte gelten zum Beispiel Ärzte, Fachkräfte der Rehabilitation, aber auch der Arbeitgeber. Die Einwilligung zur Datenweitergabe erfolgt schriftlich. Es ist geklärt, zu welchen Daten der Arbeitgeber auch ohne Einwilligung Zugang hat (dies sind die Daten, die er benötigt, um den Nachweis zu führen, dass er seiner Pflicht zum BEM nachgekommen ist.)
- Allein der Mitarbeiter kann Unterlagen von behandelnden Ärzten oder von Rehabilitationsträgern einfordern, es sei denn, er beauftragt die Ansprechperson. Dafür gibt es ein Formular zur Schweigepflichtsentbindung beziehungsweise zur Einwilligung in die Einholung von Daten bei Dritten.
- Es ist festgelegt, dass die im Rahmen des BEM erhobenen Daten nur zum Zweck des BEM verwendet werden dürfen.
- Es ist festgelegt, wann die im Rahmen des BEM erhobenen Daten vernichtet werden.

Bei all den eben aufgeführten Formularen und Regeln kann der Eindruck entstehen, der Datenschutz sei Selbstzweck und ein bürokratisches Monster. Dem sind folgende Argumente entgegenzuhalten. Erstens ist die Verbindung von gesundheitsbezogenen Daten und Arbeit eine konfliktbeladene Mischung im Hinblick auf krankheitsbedingte Kündigung; insofern müssen sowohl für Arbeitgeber als auch für den Mitarbeiter eindeutige (wie oben beschriebene) Regeln bestehen. Zweitens kommen die oben genannten Formulare nur in komplexen Fällen zum Einsatz und drittens auch nur dann, wenn die Fallsteuerung komplett durch die interne Ansprechperson erfolgt. Wird dagegen frühzeitig externe Unterstützung (siehe Kap. 3.2) eingebunden, verlagert sich die „Datenschutzbürokratie". Gleichwohl sollte jedes Unternehmen die notwendigen Formulare und Regeln griffbereit für den Ernstfall haben. Viertens muss man sich vor Augen führen, dass eine erfolgreiche Umsetzung in der Praxis nur gelingen kann, wenn das BEM allseits akzeptiert ist. Akzeptanz wiederum erfordert Vertrauen und Vertrauen kann nur hergestellt werden, wenn sichergestellt ist, dass der Datenschutz eingehalten wird.

Wo steht das Unternehmen?

Mindestens jährlich sollte der Status quo des BEM ermittelt werden, um frühzeitig Verbesserungspotenziale entdecken zu können und die Handlungsregeln bei Bedarf anzupassen. Dies kann über eine Checkliste und/oder gemeinsam mit ausgewählten Mitarbeitern zum Beispiel im Rahmen der Veranstaltung zur Mitarbeiterinformation (siehe Kapitel 3.4) erfolgen.

Praxishilfen „Regeln festlegen"

- Checkliste: Wo steht das Unternehmen? (siehe S. 78),
- Muster: Vereinbarung zur Verschwiegenheit der Ansprechperson (siehe S. 109),
- Muster: Vereinbarung zum Schutz persönlicher Daten zwischen Ansprechperson und Mitarbeiter (siehe S. 110),
- Muster: Weitergabe von Daten an Dritte (siehe S. 111),
- Muster: Schweigepflichtsentbindung/Einwilligung in die Einholung von Daten bei Dritten (siehe S. 112),
- Muster: Dokumentation für den Arbeitgeber (im Falle des § 84 Abs. 2 SGB IX) (siehe S. 114),
- Information: Gesetzestext (siehe S. 116).

3.4   Mitarbeiter informieren

Die erfolgreiche Wiedereingliederung eines Mitarbeiters setzt Vertrauen voraus. Vertrauen hängt mit Transparenz und Beteiligung sowie mit Nutzenklarheit und Problembewusstsein zusammen. Insofern sollten alle Mitarbeiter über die wesentlichen Inhalte und Vorgehensweisen informiert sein. Konstruktive Kritik sollte berücksichtigt werden.

Inhalte der Mitarbeiterinformation

- Nutzen des betrieblichen Eingliederungsmanagements (siehe Kapitel 1),
- Ziele und Vorgehensweisen (siehe Kapitel 3.1 und Kapitel 4 Einleitung),
- Handlungsmöglichkeiten auf der technischen, organisatorischen und personenbezogenen Ebene (siehe Muster: Lösungsansätze S. 103),

▨ Wenn möglich, sollten Beispiele guter Praxis aus anderen Betrieben berichtet werden.

Mögliche Wege der Mitarbeiterinformation

▨ Eine (kleine) Veranstaltung durchführen, möglicherweise auch gemeinsam mit Experten der Rehabilitationsträger oder des Integrationsamts.

▨ Im Rahmen von routinemäßigen Einzelgesprächen informieren, zum Beispiel in Jahresgesprächen.

▨ Schriftliches Material verteilen, zum Beispiel Informationsblatt, Aushänge.

▨ Einflussreiche Mitarbeiter überzeugen und als Multiplikatoren gewinnen.

Praxishilfen „Mitarbeiter informieren"

▨ Checkliste: Wo steht das Unternehmen? (siehe S. 78)

▨ Muster: Präsentation vor Führungskräften und Mitarbeitern (siehe S. 87)

▨ Muster: Informationsblatt für Mitarbeiter (siehe S. 85)

3.5 Mögliche Kandidaten erkennen

In Kapitel 3.1 wurde bereits dargestellt, bei welchen Mitarbeitern der Arbeitgeber aktiv werden sollte: Ein Mitarbeiter ist lange oder wiederholt krank, Arzt attestiert einem Mitarbeiter Einsatzeinschränkungen, Arzt, Fachkraft für Rehabilitation oder Mitarbeiter regt eine stufenweise Wiedereingliederung an, Führungskräfte erkennen einen Unterstützungsbedarf für einen Mitarbeiter, Mitarbeiter sucht in Krankheitsfragen Unterstützung oder es gibt sonstige Hinweise auf Gefährdungen am Arbeitsplatz. Je früher in solchen Fällen Maßnahmen eingeleitet werden können, desto einfacher und kostengünstiger sind diese in der Regel. Der Unternehmer beziehungsweise die Ansprechperson sollte also nicht warten, bis „das Kind in den Brunnen gefallen ist". Aber wie erkennt man frühzeitig mögliche Kandidaten? Ein systematisches Vorgehen hat sich für die „Großen" wie für die „Kleinen" bewährt. Denn auch wenn persönliche Beziehungen bestehen, bedeutet das leider nicht, dass automatisch und frühzeitig auf gesundheitliche Schwierigkeiten reagiert wird.

Mögliche Kandidaten erkennen – aber wie?

■ **Arbeitsunfähigkeitstage auswerten („42-Tage-Frist")**

Die Arbeitsunfähigkeitstage aller Mitarbeiter müssen regelmäßig ausgewertet werden, um potenzielle Kandidaten zu finden. Der gesetzliche Minimalstandard gemäß § 84 Abs. 2 SGB IX besagt, dass der Arbeitgeber aktiv werden muss, wenn ein Mitarbeiter 42 Tage am Stück oder verteilt über die letzten zwölf Monate arbeitsunfähig war (zur Berechnung im Detail siehe 2.2). Sofern vorhanden, müssen der Betriebs-/Personalrat und bei schwerbehinderten Mitarbeitern die Schwerbehindertenvertretung über diese Kandidaten informiert werden. Die Betriebsführung entscheidet, ob der Mitarbeiter angeschrieben wird (Kontaktschreiben), oder ob die Ansprechperson die Kontaktaufnahme übernimmt. Das Kontaktschreiben ist wohlwollend formuliert, erzeugt keinen Druck und kündigt unter Umständen telefonischen oder persönlichen Kontakt an.

■ **Anlassbezogene Gespräche mit Mitarbeitern führen**

Anlässe können unter anderem sein: nachlassende Arbeitsleistung (Qualität oder Quantität) oder Schwierigkeiten in einer Arbeitsgruppe als mögliche Anzeichen für gesundheitliche Schwierigkeiten, vom Mitarbeiter direkt geäußerte gesundheitliche Schwierigkeiten, auffällige Fehlzeiten bereits vor der „42-Tage-Frist". Führen die Betriebsführung oder andere Führungskräfte derartige Mitarbeitergespräche, dann sollte auf die Möglichkeit eines vertrauensvollen Gesprächs mit der Ansprechperson hingewiesen werden. Sofern vorhanden, sollte der Betriebs-/Personalrat und bei schwerbehinderten Mitarbeitern die Schwerbehindertenvertretung informiert werden.

■ **Initiative eines Mitarbeiters aufgreifen**

Wenden sich Mitarbeiter wegen gesundheitlicher Schwierigkeiten oder ärztlich attestierter Einsatzeinschränkungen an ihre Vorgesetzten oder an die Betriebsführung, dann sollte auf die Möglichkeit eines vertrauensvollen Gesprächs mit der Ansprechperson hingewiesen werden.

■ **Initiative von Externen aufgreifen**

Die Krankenkasse, die Rentenversicherung, die Unfallversicherung, der Betriebsarzt, die Rehaklinik oder behandelnde Ärzte können sich direkt oder über den Mitarbeiter an die Betriebsführung oder andere Führungskräfte wenden, zum Beispiel bezüglich der Einleitung einer stufenweisen Wiedereingliederung. Hier sollte der Kontakt zur Ansprechperson hergestellt werden.

Praxishilfen „Mögliche Kandidaten erkennen"

- Muster: Anschreiben zur Kontaktaufnahme (siehe S. 97),
- Checkliste: Wo steht das Unternehmen? (siehe S. 78),
- Checkliste für den Vorgesetzten/Arbeitgeber: Was sind Anlässe aktiv zu werden? (siehe S. 93),
- Information: Tipps zur Gesprächsführung (siehe S. 119).

3.6 Prämien oder Bonus beantragen

Von einem guten betrieblichen Eingliederungsmanagement profitieren nicht nur Unternehmen und Mitarbeiter. Es hat auch einen volkswirtschaftlichen Nutzen. Sozialversicherungen und öffentliche Hand profitieren durch geringere Transferleistungen und durch höhere Beitrags- und Steuerzahlungen. Eine vermiedene Rentenzahlung wegen Erwerbsminderung kann – je nach Alter und bisherigem Einkommen des Frührentners – leicht fünfstellige Euro-Beträge erreichen, die entgangenen Beiträge und Steuern kommen in ähnlicher Höhe hinzu. Volkswirtschaftlich rechnet sich also eine Belohnung „guter" Unternehmen. Und die hat der Gesetzgeber mit § 84 Abs. 3 SGB IX möglich gemacht: „Die Rehabilitationsträger und die Integrationsämter können die Arbeitgeber, die ein betriebliches Eingliederungsmanagement einführen, durch Prämien oder einen Bonus fördern."

Die Fleischerei-Berufsgenossenschaft gewährt ihren Mitgliedern für Anstrengungen in der Prävention – dazu kann auch das Eingliederungsmanagement gehören – bis zu fünf Prozent Beitragsnachlass. Viele Integrationsämter honorieren die Einführung eines BEM mit einer Prämie bis zu zwanzigtausend Euro – allerdings nur jeweils einige Best-Practice-Betriebe pro Jahr.

Die Steinbruchs-Berufsgenossenschaft hat 2005 ein nach zehn Prämiengruppen differenziertes System geschaffen, mit dem Investitionen in die betriebliche Prävention belohnt werden. Insgesamt bis zu fünfundsiebzigtausend Euro kann ein Unternehmen hier für seine Maßnahmen erhalten. Vom Arbeitsschutzmanagement über die Verbesserung der Verkehrssicherheit und besondere Präventionsmaßnahmen bis zur „Prämiengruppe 10 – Einführung und Umsetzung eines betrieblichen Eingliederungsmanagements" sind hier handfeste betriebswirtschaftliche Anreize für entsprechende Bemühungen der Mitgliedsunternehmen gesetzt. Die Einführung des betrieblichen Eingliederungsmanagements wird mit zweitausend, die Eingliederung im Einzelfall mit fünfhundert und die Umsetzung insgesamt gar mit bis zu dreißigtausend Euro gefördert.

Allerdings sind diese Beispiele noch die absolute Ausnahme. § 84 Abs. 3 SGB IX ist eine Kann-Vorschrift, es gibt also bislang keine Pflicht zur Gewährung von Bonus (zum Beispiel Reduzierung der Beitragslast) oder Prämien (zum Beispiel Einmalzahlung). Darüber hinaus ist nicht klar, welche Sozialversicherungszweige in welcher Höhe und gegebenenfalls in welchem Zeitraum vom betrieblichen Eingliederungsmanagement profitieren. Eine weitere Schwierigkeit ist, dass es bislang noch keine verbindlichen oder einheitlichen Vergabekriterien gibt. Die Rehabilitationsträger arbeiten zwar an einer gemeinsamen Lösung, der Durchbruch ist aber derzeit nicht in Sicht, obwohl sie sich in der Gemeinsamen Empfehlung „Prävention nach § 3 SGB IX" vom 16. Dezember 2004 nicht nur zur gemeinsamen Beratung der Unternehmen in Sachen betriebliches Eingliederungsmanagement verpflichtet haben, sondern in § 7 (4) auch zur Prüfung möglicher Förderungen: „Die Rehabilitationsträger und die Integrationsämter prüfen – auch unter Berücksichtigung der zur Verfügung stehenden Finanzmittel –, ob durch Prämien oder einen Bonus Arbeitgeber gefördert werden können, die ein betriebliches Eingliederungsmanagement einführen (§ 84 Abs. 4 SGB IX). Hierzu stimmen sie sich gemeinsam über Voraussetzungen sowie Art und Umfang der Förderung ab." Das Gesetz lässt dafür einen großen Gestaltungsspielraum, der von den Rehabilitationsträgern auf der Basis ihrer umfangreichen Erfahrungen genutzt werden kann und muss.

Vor diesem Hintergrund sollte jedes im betrieblichen Eingliederungsmanagement engagierte Unternehmen einen formlosen Antrag stellen. Auch, wenn es keine Vorgaben dafür gibt, sollte nach Meinung der Verfasser ein solcher Antrag zumindest darstellen,

- wie das betriebliche Eingliederungsmanagement gestaltet wurde,
- dass die Aktivitäten über die gesetzlichen Bestimmungen zum betrieblichen Eingliederungsmanagement gemäß § 84 Abs. 2 SGB IX hinausgehen,
- dass die Aktivitäten nachweisbar sind und einer möglichen Prüfung standhalten können.

Sobald das Fundament für ein betriebliches Eingliederungsmanagement gelegt ist, ist der Zeitpunkt für einen Antrag auf Gewährung einer Prämie gem. § 84 Abs. 3 SGB IX angemessen.

Praxishilfen „Prämien oder Bonus beantragen"
- Muster: Antrag auf Gewährung einer Prämie gem. § 84 Abs. 3 SGB IX (siehe S. 94),
- Information: Gesetzestext §§ 6, 7 der von den Rehabilitationsträgern verabschiedeten Gemeinsamen Empfehlung „Prävention nach § 3 SGB IX" (siehe S. 117).

4 Ein Mitarbeiter ist krank

Ein Mitarbeiter ist krank. Er ist gemäß Kapitel 3.5 als ein möglicher Kandidat für das „Eingliederungsmanagement" erkannt worden. Dem Selbstbestimmungsrecht des Mitarbeiters kommt dabei eine außerordentliche Bedeutung zu. Insofern wird das weitere Vorgehen bestimmt vom Mitarbeiter gemeinsam mit der Ansprechperson. Sofern vorhanden, sollte der Betriebs-/Personalrat und bei schwerbehinderten Mitarbeitern die Schwerbehindertenvertretung beteiligt werden – es sei denn, der Mitarbeiter wünscht dies nicht. Im Folgenden wird ein idealtypisches Vorgehen aufgezeigt. Diese fünf Schritte sollten vollständig und in der genannten Reihenfolge durchlaufen werden, auch wenn in der Praxis fließende Übergänge wahrscheinlich sind.

Ein Mitarbeiter ist krank – das Vorgehen im Überblick

1. Die Ansprechperson **spricht den Mitarbeiter an und informiert** über ein mögliches weiteres Vorgehen. Sehen beide die Notwendigkeit, ...

2. ... dann findet ein weiteres Gespräch statt, um die **Ausgangslage zu erfassen und Lösungsansätze zu finden**. Sehen die Beteiligten die Notwendigkeit, ...

3. ... dann findet ein Gespräch mit dem Vorgesetzten oder der Betriebsführung statt, um über das Machbare zu entscheiden. **Konkrete Maßnahmen werden geplant**.

4. Bei Bedarf werden spätestens jetzt **Experten eingeschaltet** (zum Beispiel Arzt, Fachkräfte der Rehabilitation, Sicherheitsfachkraft[*]).

5. Die Maßnahmen werden **durchgeführt**[**]. Regelmäßig überprüfen die Beteiligten, ob die Maßnahmen die erhofften Ergebnisse erzielen und nehmen bei Bedarf Änderungen vor.

[*] Sofern vorhanden, sollte der Betriebs-/Personalrat und bei schwerbehinderten Mitarbeitern die Schwerbehindertenvertretung beteiligt werden (es sei denn, der Mitarbeiter wünscht dies nicht).

[**] Bei Maßnahmen, die der Mitbestimmung unterliegen, ist spätestens vor der Durchführung der Betriebs-/Personalrat zwingend einzubinden.

4.1 Mitarbeiter ansprechen und informieren

Dem ersten Kontakt mit dem Mitarbeiter kommt herausragende Bedeutung zu. Es gilt das Vertrauen und die Kooperationsbereitschaft des Mitarbeiters zu gewinnen. Ziel des ersten Kontaktes ist es daher, auf eine behutsame und sensible Weise zu informieren sowie positive Aufmerksamkeit des Betriebes zu signalisieren. Zu bedenken ist, dass Gesundheit und Krankheit in Verbindung mit Arbeit hochsensible Themen für den betroffenen Mitarbeiter sind. Es sollte festgelegt sein, wer wann in welcher Form welche Inhalte bespricht, was dokumentiert wird, und wer davon erfährt.

Wer?

Insbesondere im Falle der Auswertung der Arbeitsunfähigkeits-Daten nach der „42-Tage-Frist" entscheidet die Betriebsführung, ob der Mitarbeiter angeschrieben wird, oder ob die Kontaktaufnahme persönlich erfolgen soll. Besteht ein Vertrauensverhältnis zwischen Arbeitgeber und Mitarbeiter, dann kann die persönliche Kontaktaufnahme durch den Arbeitgeber erfolgen. In der Regel ist es jedoch von Vorteil, wenn das erste Gespräch frei von Zielkonflikten geführt werden kann. Das bedeutet, dass der Arbeitgeber eine Ansprechperson beauftragt, die nicht der Vorgesetzte ist, und die der Verschwiegenheit verpflichtet ist (siehe auch Kapitel 3.1).

Wie?

- Schriftlich
  - \+ Mitarbeiter kann sich auf den Dialog vorbereiten,
  - – unpersönlich,
  - – kann Ängste und Unsicherheit hervorrufen,
- Im Betrieb: Vertraulichkeit wahren, störungsfreie Umgebung wählen:
  - \+ kurzer Weg,
  - – Überrumpelungseffekt,
- Telefonisch:
  - \+ persönliche Wirkung, sofern Vertrauensverhältnis besteht,
  - \+ unmittelbare Chance zum Dialog,
  - – Kontrolleffekt.

Was?

Im Falle der schriftlichen Kontaktaufnahme sollte eine wohlwollende Formulierung gewählt und kein Druck erzeugt werden. Unter Umständen ist es sinnvoll, das Schreiben durch ein Telefonat anzukündigen.

Beim mündlichen Erstkontakt (im Betrieb oder telefonisch) sollen besprochen werden: das Ziel des ersten Gesprächs, Informationen zum weiteren Vorgehen und zum Datenschutz, Bedeutung der Mitwirkung, Zustimmung für ein weiteres Gespräch und, falls keine Zustimmung, Möglichkeit der Bedenkzeit. Für die Ansprechperson sollte es einen Gesprächsleitfaden geben, für den Mitarbeiter ein Informationspaket.

Minimaldokumentation

Aus Gründen der Rechtssicherheit, der Qualitätssicherung und der Transparenz sollte im Falle des § 84 Abs. 2 SGB IX für den Arbeitgeber das Datum des Erstkontakts dokumentiert werden. Sofern die Ansprechperson darüber hinaus weitere Gesprächsinhalte dokumentiert, sind diese für Dritte unzugänglich aufzubewahren. Als Dritte gelten auch der Arbeitgeber und Personen, die Personalentscheidungen treffen.

Praxishilfen „Mitarbeiter ansprechen und informieren"

- Muster: Anschreiben zur Kontaktaufnahme (siehe S. 97),
- Gesprächsleitfaden für die Ansprechperson: Erstkontakt (siehe S. 98),
- Informationspaket für den Mitarbeiter:
  Muster: Informationsblatt für Mitarbeiter (siehe S. 85),
  Checkliste für den Mitarbeiter: Ausgangslage erfassen (siehe S. 101),
- Muster: Lösungsansätze (siehe S. 103),
- Muster: Dokumentation für den Arbeitgeber (im Falle des § 84 Abs. 2 SGB IX) (siehe S. 114),
- Information: Tipps zur Gesprächsführung (siehe S. 119).

4.2 Ausgangslage erfassen und Lösungsansätze entwickeln

Das zweite Gespräch dient der Entscheidungsvorbereitung. Ziel ist es, die individuelle Ausgangslage zu erfassen und auf dieser Basis dann sinnvolle Lösungsansätze zu entwickeln. Dabei sollte sich der Mitarbeiter unterstützt fühlen und sich der Thematik öffnen können. Kreativität und Eigenverantwortung sind in dieser Phase gefragt. Der betroffene Mitarbeiter ist „Experte in eigener Sache". Daher sollte auch dieses Gespräch frei von Zielkonflikten geführt werden und die Wahrung des Datenschutzes muss sichergestellt sein.

Wer?

Der Mitarbeiter sollte das Gespräch auf kollegialer Ebene führen können, entweder mit der Ansprechperson oder mit einem Kollegen seiner Wahl. Der Vorgesetzte sollte in dieser Phase noch nicht eingebunden sein. Damit wird die Entscheidungsvorbereitung nicht Experten, Vorgesetzten oder Stabsstellen überlassen, sondern dem Mitarbeiter. Der Lohn ist die Förderung der Eigenverantwortung und der Aufbau von Vertrauen. Es kann auch sinnvoll sein, dass sich der Mitarbeiter zunächst alleine mit dieser Phase auseinandersetzt – dazu sollten ihm entsprechende Praxishilfen zur Hand gegeben werden. Sofern vorhanden, sollte der Betriebs-/Personalrat und bei schwerbehinderten Mitarbeitern die Schwerbehindertenvertretung beteiligt werden – es sei denn, der Mitarbeiter wünscht dies nicht.

Was?
- Offene Fragen klären,
- Individuelle Ausgangslage erfassen
  - Welche Tätigkeiten bereiten Schwierigkeiten – allgemein und auf den Arbeitsplatz bezogen?
  - Welche äußeren Bedingungen am Arbeitsplatz bereiten Schwierigkeiten?
  - Gibt es einen Zusammenhang zwischen der Arbeitsunfähigkeit/gesundheitlichen Beschwerden und der Tätigkeit/dem Arbeitsplatz?

- Bei Bedarf sollte die Gefährdungsbeurteilung des Arbeitsplatzes aktualisiert werden (zum Beispiel Gefährdungsbeurteilungen speziell für kleine Unternehmen, www.pragmagus.de),
- Lösungsansätze entwickeln: zum Beispiel Arbeitsplatz anpassen, Arbeitsumgebung verändern, technische Arbeitshilfen, Tätigkeiten verändern, Arbeitszeit- und Pausenregelungen verändern, stufenweise Wiedereingliederung, Leistungsvorgaben anpassen, Sonderaufgaben, Rehamaßnahmen, Qualifizierung,
- Vereinbarung zum Schutz persönlicher Daten unterschreiben,
- Mit Zustimmung des Mitarbeiters einen Gesprächstermin mit dem Vorgesetzten vereinbaren, um über das Machbare zu entscheiden.

Minimaldokumentation

Aus Gründen der Rechtssicherheit, der Qualitätssicherung und der Transparenz sollte im Falle des § 84 Abs. 2 SGB IX für den Arbeitgeber dokumentiert werden: Datum des Zweitgesprächs (eventuell auch weitere Termine), Gesprächspartner, ob die Vereinbarung zum Schutz persönlicher Daten unterschrieben vorliegt. Sofern die Ansprechperson darüber hinaus weitere Gesprächsinhalte dokumentiert, sind diese für Dritte unzugänglich aufzubewahren. Als Dritte gelten auch der Arbeitgeber und Personen, die Personalentscheidungen treffen.

Praxishilfen
„Ausgangslage erfassen und Lösungsansätze entwickeln"

- Gesprächsleitfaden für die Ansprechperson: Ausgangslage erfassen und Lösungsansätze entwickeln (siehe S. 100),
- Checkliste für den Mitarbeiter: Ausgangslage erfassen (siehe S. 101),
- Muster: Lösungsansätze (siehe S. 103),
- Muster: Vereinbarung zum Schutz persönlicher Daten zwischen Ansprechperson und Mitarbeiter (siehe S. 110),
- Muster: Dokumentation für den Arbeitgeber (im Falle des § 84 Abs. 2 SGB IX) (siehe S. 114).

4.3   Maßnahmen planen

Der Mitarbeiter hat sich bisher eigenverantwortlich, unter Umständen gemeinsam mit der Ansprechperson, mit der Entscheidungsvorbereitung auseinandergesetzt, nämlich mit potenziellen Lösungsmöglichkeiten. Es gilt jetzt über das Machbare zu entscheiden, bei Bedarf Experten einzubinden und konkrete Maßnahmen zu planen.

Wer?

Es muss über das Machbare entschieden werden. Daher ist ein Gespräch zwischen dem Mitarbeiter und dem Vorgesetzten/dem Arbeitgeber notwendig. Optimal ist, wenn die Ansprechperson bei dem Gespräch beteiligt ist. Sofern vorhanden, sollte der Betriebs-/Personalrat und bei schwerbehinderten Mitarbeitern die Schwerbehindertenvertretung beteiligt werden – es sei denn, der Mitarbeiter wünscht dies nicht.

Was?

Gesprächsgrundlage sind weniger die gesundheitlichen Einschränkungen, sondern vielmehr die Lösungsansätze, die der Mitarbeiter, unter Umständen gemeinsam mit der Ansprechperson, entwickelt hat. Auf dieser Basis sollen im Dialog konkrete Maßnahmen terminiert und in einem Maßnahmeplan festgehalten werden. Der Maßnahmeplan dient der Transparenz für die Beteiligten und ist die Grundlage für eine Verlaufskontrolle. Der Maßnahmeplan ist damit das sichtbare Ergebnis dieser Phase. Ferner ist der Bedarf externer Beratung und Unterstützung (siehe Kapitel 4.4) zu ermitteln, insbesondere, wenn das Gespräch zunächst keinen befriedigenden Maßnahmeplan erbracht hat.

Minimaldokumentation

Aus Gründen der Rechtssicherheit, der Qualitätssicherung und der Transparenz sollte im Falle des § 84 Abs. 2 SGB IX für den Arbeitgeber dokumentiert werden: Datum des Vorgesetztengesprächs, Gesprächspartner, Maßnahmen soweit sie den Arbeitgeber betreffen und, ob externe Beratung notwendig ist. Sofern die Ansprechperson darüber hinaus weitere Gesprächsinhalte dokumentiert, sind diese für Dritte unzugänglich aufzubewahren. Als Dritte gelten auch der Arbeitgeber und Personen, die Personalentscheidungen treffen.

Praxishilfen „Maßnahmen planen"

- Checkliste für den Mitarbeiter: Vorbereitung des Gesprächs mit dem Vorgesetzten/Arbeitgeber (siehe S. 104),
- Gesprächsleitfaden für den Vorgesetzten/Arbeitgeber: Maßnahmen planen (siehe S. 105),
- Muster: Dokumentation für den Arbeitgeber (im Falle des § 84 Abs. 2 SGB IX) (siehe S. 114),
- Muster: Maßnahmeplan und Verlaufsdokumentation (siehe S. 115)
- Information: Förderinstrumente (siehe S. 120).

4.4   Bei Bedarf Experten einschalten

Bleiben innerbetriebliche Handlungsmöglichkeiten für die Beteiligten unbefriedigend oder kommen außerbetriebliche Maßnahmen infrage, dann sollten mit Zustimmung des Mitarbeiters Experten eingeschaltet werden (zum Beispiel Arzt, Reha-Servicestelle, Fachkräfte der Rehabilitation, Sicherheitsfachkraft).

Wann welche Experten einschalten?

Problem	Experte
Die gesundheitliche Situation, die Leistungsfähigkeit und/oder Prognose ist unklar.	Arzt
Eine stufenweise Wiedereingliederung kommt in Betracht.	Arzt
Technische Handlungsmöglichkeiten am Arbeitsplatz oder in der Arbeitsumgebung sind unklar.	Sicherheitsfachkraft/ Betriebsarzt
Es soll eine Gefährdungsbeurteilung erstellt beziehungsweise aktualisiert werden.	Sicherheitsfachkraft/ Betriebsarzt
Es konnten keine oder nur unbefriedigende Lösungsansätze gefunden werden.	Reha-Experte
Die ersten Maßnahmen haben nicht das erhoffte Ergebnis erreicht.	Reha-Experte

Die Lösungsansätze erfordern erhebliche finanzielle Aufwendungen (zum Beispiel Anschaffung von technischen Hilfen, Umbau von Maschinen).	Reha-Experte
Die Erkrankung scheint langfristige und erhebliche Beeinträchtigungen in der Leistungsfähigkeit nach sich zu ziehen.	Integrationsamt
Unklarheit, welcher Reha-Experte (zum Beispiel Unfallversicherung, Krankenversicherung, Rentenversicherung, Integrationsamt) eingeschaltet werden soll.	Reha-Service-stelle

Rolle des Betriebes, wenn Ärzte oder andere Experten eingeschaltet werden

Der Arzt kann erst dann die arbeitsplatzbezogene Leistungsfähigkeit des Mitarbeiters zuverlässig einschätzen und eine entsprechende Prognose abgeben, wenn er aussagekräftige Informationen zu den Anforderungen am Arbeitsplatz hat. Sollen diese Informationen nicht allein auf der Subjektivität der Aussagen des Mitarbeiters beruhen, dann muss der Arzt folgende Informationen erhalten:

- eine objektive Kurzbeschreibung der Anforderungen des Arbeitsplatzes,
- Kontaktdaten, auf die der Arzt in Fragen zum Beispiel zu den Arbeitsanforderungen zugreifen kann,
- eine Einschätzung von Handlungsmöglichkeiten, zum Beispiel der grundsätzlichen Bereitschaft zur stufenweisen Wiedereingliederung.

Allein der Mitarbeiter kann Unterlagen von behandelnden Ärzten oder von Rehabilitationsträgern einfordern, es sei denn, er beauftragt die Ansprechperson. Dafür gibt es ein Formular zur Schweigepflichtsentbindung beziehungsweise zur Einwilligung in die Einholung von Daten bei Dritten.

Rolle der Experten

Fachkräfte für Rehabilitation und für Arbeitssicherheit haben Erfahrungs- und Umsetzungswissen für Lösungen im inner- und außerbetrieblichen Bereich. Sie kennen die gesetzlichen Unterstützungsleistungen und haben die nötigen Kontakte, selbst wenn sie selbst die Leistungen nicht erbringen beziehungsweise finanzieren können.

Minimaldokumentation

Aus Gründen der Rechtssicherheit, der Qualitätssicherung und der Transparenz sollte im Falle des § 84 Abs. 2 SGB IX für den Arbeitgeber dokumentiert werden, welcher Experte wann eingebunden wurde, und die vereinbarten Maßnahmen, soweit sie den Arbeitgeber betreffen.

Praxishilfen „Bei Bedarf Experten einschalten"

- Muster: Beratungs- und Unterstützungsangebote (siehe S. 91),
- Muster: Informationen für den behandelnden Arzt (siehe S. 106),
- Muster: Weitergabe von Daten an Dritte (siehe S. 111),
- Muster: Schweigepflichtsentbindung/Einwilligung in die Einholung von Daten bei Dritten (siehe S. 112),
- Muster: Dokumentation für den Arbeitgeber (im Falle des § 84 Abs. 2 SGB IX) (siehe S. 114),
- Information: Förderinstrumente (siehe S. 120).

4.5 Maßnahmen durchführen und bewerten

Sobald die Planung steht, werden die gefundenen Maßnahmen durchgeführt. Die Beteiligten tauschen sich regelmäßig und systematisch im Verlauf sowie am Ende der laufenden Maßnahme aus, um Erfolge zu überprüfen, und um bei Bedarf Änderungen vorzunehmen.

Im Verlauf der Maßnahmen

Mitarbeiter, Ansprechperson und Vorgesetzter sollten sich regelmäßig im Verlauf der Maßnahmen unter anderem folgende Fragen stellen: Entspricht die Arbeitsleistung der erforderlichen Qualität und Quantität? Beschwerdefrei? Wenn nein: Worin liegt die Ursache (zum Beispiel Vereinbarung wurde von einer Seite nicht eingehalten, vereinbarte Anforderungen zu hoch, gesundheitliche Veränderung), und mit welchen Maßnahmen lässt sich das Problem beheben?

Abschluss

Die Maßnahmen sind zu Ende, wenn die in der Planungsphase entwickelten Ziele zur Zufriedenheit der Beteiligten erreicht sind. Die Maßnahmen können aber auch vorzeitig durch Abbruch beendet werden. In jedem Falle sollten die Maßnahmen mit einer Abschlussbewertung formal abgeschlossen werden. Der Lernprozess für die Ansprechperson wird damit unterstützt. Ferner gilt es, nach erfolgreicher Wiedereingliederung das erreichte Ergebnis zu stabilisieren und die Gesundheit zu fördern – sowohl im Betrieb als auch eigenverantwortlich im privaten Umfeld. Daher sollten weitere Maßnahmen besprochen und geplant werden, gegebenenfalls sollte der Rat von Experten der Gesundheitsförderung (zum Beispiel der Krankenkasse) eingeholt werden.

Minimaldokumentation

Aus Gründen der Rechtssicherheit, der Qualitätssicherung und der Transparenz sollte im Falle des § 84 Abs. 2 SGB IX für den Arbeitgeber dokumentiert werden: (Zwischen-) Ergebnisse, soweit sie den Arbeitgeber betreffen, das Datum des Endes der Maßnahmen, die Tatsache, ob das Ende der Maßnahmen einvernehmlich war oder nicht, sowie die Tatsache, ob eine Abschlussbewertung stattgefunden hat. Bei vorzeitigem Abbruch der Maßnahmen durch den Mitarbeiter sollte es dem Mitarbeiter freigestellt sein, den Abbruch schriftlich zu begründen, wozu er jedoch nicht gezwungen werden darf.

Praxishilfen „Maßnahmen durchführen und bewerten"

- Checkliste: Abschlussbewertung (siehe S. 108),
- Muster: Dokumentation für den Arbeitgeber (im Falle des § 84 Abs. 2 SGB IX) (siehe S. 114),
- Muster: Maßnahmeplan und Verlaufsdokumentation (siehe S. 115)

5 Praxishilfen

5.1 Praxishilfen „Fundament"

▪ Checkliste: Wo steht das Unternehmen?

Einführung und Umsetzung des betrieblichen Eingliederungsmanagements –
Wo steht das Unternehmen? Bewerten Sie nachfolgende Punkte am besten
jährlich! Dann erkennen Sie frühzeitig Verbesserungspotenziale. Ferner haben
Sie mit dieser Dokumentation überzeugende Argumente bei der Beantragung
von Bonus und Prämien gemäß § 84 Abs. 3 SGB IX.

Bei uns sind folgende Aspekte umgesetzt ...	ja	teils	nein
Ziele sind gesetzt Die Betriebsführung definiert die Ziele für das betriebliche Eingliederungsmanagement, insbesondere ▪ das Gesundwerden fördern, ▪ eine chronische Erkrankung vermeiden, ▪ krankheitsbedingte Arbeitsunfähigkeiten überwinden, ▪ einer erneuten Arbeitsunfähigkeit vorbeugen und ▪ den Arbeitsplatz erhalten. Dies ist mit dem Betriebs-/Personalrat (sofern vorhanden) abgestimmt.	☐	☐	☐
Zielgruppe ist definiert Die Betriebsführung definiert, in welchen Fällen diese Ziele gelten: ▪ Ein Mitarbeiter ist lange oder wiederholt krank (gesetzliche Pflicht: 42 Tage in den letzten 12 Monaten), ▪ Arzt attestiert einem Mitarbeiter Einsatzeinschränkungen, ▪ Arzt, Fachkraft für Rehabilitation oder Mitarbeiter regt eine stufenweise Wiedereingliederung an, ▪ Führungskräfte erkennen einen Unterstützungsbedarf für einen Mitarbeiter, ▪ Mitarbeiter sucht in Krankheitsfragen Unterstützung, ▪ Sonstige Hinweise auf Gefährdungen am Arbeitsplatz oder andere Risiken für die Beschäftigungsfähigkeit der Mitarbeiter. Dies ist mit dem Betriebs-/Personalrat (sofern vorhanden) abgestimmt.	☐	☐	☐
Ansprechperson ist bestimmt, und zwar als Vertrauensperson Die Betriebsführung entscheidet, ob sie sämtliche Aufgaben selbst durchführt oder teilweise an einen Mitarbeiter („Ansprechperson") delegiert. Die Ansprechperson ist benannt, sie ist eine Vertrauensperson und ihre Rolle ist festgelegt. Es gibt eine schriftliche Vereinbarung zur Verschwiegenheit der Ansprechperson. Dies ist mit dem Betriebs-/Personalrat (sofern vorhanden) abgestimmt.	☐	☐	☐
Arbeitsunfähigkeitstage werden erfasst Die Betriebsführung stellt sicher, dass jeder Arbeitsunfähigkeitstag systematisch erfasst wird.	☐	☐	☐

Bei uns sind folgende Aspekte umgesetzt ...	ja	teils	nein
Liste mit Institutionen ist erstellt Die Ansprechperson erstellt eine aktuelle Liste mit den Institutionen (zum Beispiel Reha-Servicestelle, Rehabilitationsträger, Integrationsamt, Betriebsarzt, Sicherheitsfachkraft, Kammer, Innung), die im konkreten Fall Beratung und Unterstützung bieten. Die Liste enthält mindestens jeweils die Telefonnummer und in groben Zügen, welche Leistungen erwartet werden können. Mindestens eine Kontaktadresse ist der Ansprechperson persönlich bekannt (zum Beispiel durch ein Telefonat). *Hinweis: siehe Beispiel in diesem Buch*	☐	☐	☐
Regeln sind festgelegt Die wesentlichen Handlungsschritte inklusive Verantwortlichkeiten sind unter Beachtung der Selbstbestimmung des betroffenen Mitarbeiters und des Datenschutzes festgelegt: 1. Erstkontakt: Mitarbeiter ansprechen und informieren, 2. Ausgangslage erfassen und Lösungsansätze entwickeln, 3. Maßnahmen planen, 4. Maßnahmen durchführen und bewerten. Dies ist mit dem Betriebs-/Personalrat (sofern vorhanden) abgestimmt.	☐	☐	☐
Regeln: Selbstbestimmung des betroffenen Mitarbeiters wird beachtet Die Handlungsschritte berücksichtigen, ▪ dass ein Mitarbeiter nur freiwillig an Maßnahmen teilnimmt, ▪ dass aufgrund einer eventuellen Nichtteilnahme keine arbeitsrechtlichen Konsequenzen drohen und ▪ dass jeder einzelne Schritt der Zustimmung des Mitarbeiters bedarf.	☐	☐	☐

Bei uns sind folgende Aspekte umgesetzt ...	ja	teils	nein
Regeln: Datenschutz wird eingehalten ▪ Jeder Mitarbeiter hat jederzeit das Recht zu erfahren, ob und welche gesundheitsbezogenen Daten zu seiner Person im Betrieb dokumentiert worden sind. ▪ Die Verschwiegenheit der Ansprechperson – auch gegenüber dem Arbeitgeber und Personen, die Personalentscheidungen treffen – ist schriftlich festgelegt. ▪ Die Ansprechperson bewahrt personenbezogene Daten – sofern derartige Daten erhoben werden – in verschlossenen Schränken auf, bei elektronischen Informationen gibt es Passwortschutz. ▪ Der betroffene Mitarbeiter und die Ansprechperson unterzeichnen eine Vereinbarung zum Schutz persönlicher Daten. ▪ Der betroffene Mitarbeiter entscheidet nach Aufklärung durch die Ansprechperson, ob, und gegebenenfalls welche personenbezogenen Daten an Dritte weitergegeben werden. Als Dritte gelten zum Beispiel Ärzte, Fachkräfte der Rehabilitation, aber auch der Arbeitgeber. Die Einwilligung zur Datenweitergabe erfolgt schriftlich. Es ist geklärt, zu welchen Daten der Arbeitgeber auch ohne Einwilligung Zugang hat (dies sind die Daten, die er benötigt, um den Nachweis zu führen, dass er seiner Pflicht zum BEM nachgekommen ist). ▪ Allein der Mitarbeiter kann Unterlagen von behandelnden Ärzten oder von Rehabilitationsträgern einfordern, es sei denn, er beauftragt die Ansprechperson. Dafür gibt es ein Formular zur Schweigepflichtsentbindung beziehungsweise zur Einwilligung in die Einholung von Daten bei Dritten. ▪ Es ist festgelegt, dass die im Rahmen des BEM erhobenen Daten nur zum Zweck des BEM verwendet werden dürfen. ▪ Es ist festgelegt, wann die im Rahmen des BEM erhobenen Daten vernichtet werden.	☐	☐	☐
Regeln: Mitarbeiter werden beteiligt Bei der Regelerstellung werden insbesondere einflussreiche Mitarbeiter angemessen beteiligt, zum Beispiel im Rahmen einer Gruppendiskussion. Denn gemeinsam und breit akzeptierte Lösungen sind am wirkungsvollsten! Sofern vorhanden, müssen Betriebs-/Personalrat beteiligt werden; auch die Schwerbehindertenvertretung sollte einbezogen werden.	☐	☐	☐

Bei uns sind folgende Aspekte umgesetzt ...	ja	teils	nein
Informationsblatt ist erstellt Ziele und wesentliche Handlungsschritte inklusive Verantwortlichkeiten sind in einem Informationsblatt beschrieben. *Hinweis: siehe Beispiel in diesem Buch*	☐	☐	☐
Handbuch ist erstellt Die wesentlichen Vorgehensweisen sind in einem Handbuch zusammengefasst. Dazu zählen zum Beispiel Ziele, Zielgruppe, Handlungsschritte, Verantwortlichkeiten, Checklisten, Formulare, Liste über externe Ansprechpartner. Sofern vorhanden, müssen Betriebs-/Personalrat beteiligt werden; auch die Schwerbehindertenvertretung sollte einbezogen werden. *Hinweis: siehe Beispiele in diesem Buch*	☐	☐	☐
Belegschaft ist schriftlich informiert ▪ Jeder Mitarbeiter besitzt das aktuelle Informationsblatt. ▪ Das Handbuch ist für alle Mitarbeiter leicht zugänglich aufbewahrt.	☐	☐	☐
Belegschaft ist mündlich informiert Mindestens einmal im Jahr werden alle Mitarbeiter informiert über Ziele, Nutzen sowie betriebliche und außerbetriebliche Handlungsmöglichkeiten. Die wesentlichen Regeln und Handlungsschritte werden besprochen. Sofern verfügbar, wird über Beispiele guter Praxis aus anderen Betrieben berichtet. Dies kann informell erfolgen (zum Beispiel im Rahmen von Jahresgesprächen) oder auch formal im Rahmen einer Mitarbeiterbesprechung. Für formale Veranstaltungen ist es hilfreich, wenn ein Experte hinzugezogen wird (zum Beispiel Berufsgenossenschaft, Krankenkasse, Rentenversicherung, Integrationsamt, Betriebsarzt, Sicherheitsfachkraft).	☐	☐	☐

Bei uns sind folgende Aspekte umgesetzt ...	ja	teils	nein
Mögliche Kandidaten: Arbeitsunfähigkeitstage werden ausgewertet Die Arbeitsunfähigkeitstage der Mitarbeiter werden regelmäßig ausgewertet, um potenzielle Kandidaten zu finden. Gesetzlicher Minimalstandard: 42 Arbeitsunfähigkeitstage am Stück oder verteilt über die letzten zwölf Monate. Diese Mitarbeiter werden der Ansprechperson genannt werden. Sofern vorhanden, wird der Betriebs-/Personalrat und bei schwerbehinderten Mitarbeitern die Schwerbehindertenvertretung informiert. Die Betriebsführung entscheidet, ob der Mitarbeiter angeschrieben wird (Kontaktschreiben), oder ob die Ansprechperson die Kontaktaufnahme übernimmt. Das Kontaktschreiben ist wohlwollend formuliert, erzeugt keinen Druck und kündigt unter Umständen telefonischen oder persönlichen Kontakt an.	☐	☐	☐
Mögliche Kandidaten: Anlassbezogene Gespräche werden geführt Anlässe können sein: zum Beispiel nachlassende Arbeitsleistung (Qualität oder Quantität) oder Schwierigkeiten in einer Arbeitsgruppe als mögliche Anzeichen für gesundheitliche Schwierigkeiten, vom Mitarbeiter direkt geäußerte gesundheitliche Schwierigkeiten, auffällige Fehlzeiten bereits vor der „42-Tage-Frist". Vorgesetzte weisen in derartigen Gesprächen auf die Möglichkeit eines vertrauensvollen Gesprächs mit der Ansprechperson hin.	☐	☐	☐
Mögliche Kandidaten: Auf Initiative eines Mitarbeiters wird reagiert Wenden sich Mitarbeiter wegen gesundheitlicher Schwierigkeiten oder ärztlich attestierten Einsatzeinschränkungen an ihre Vorgesetzten oder an die Betriebsführung, dann wird auf die Möglichkeit eines vertrauensvollen Gesprächs mit der Ansprechperson hingewiesen.	☐	☐	☐
Mögliche Kandidaten: Auf Initiative von Externen wird reagiert Wendet sich die Krankenkasse, die Rentenversicherung, die Unfallversicherung, der Betriebsarzt, die Rehaklinik oder der behandelnde Arzt direkt oder über den Mitarbeiter an die Betriebsführung oder andere Führungskräfte, zum Beispiel bezüglich der Einleitung einer stufenweisen Wiedereingliederung, dann wird der Kontakt zur Ansprechperson hergestellt.	☐	☐	☐

Bei uns sind folgende Aspekte umgesetzt ...	ja	teils	nein
Antrag auf Bonus und Prämien ist gestellt Wird der Großteil der in dieser Liste aufgeführten Punkte ganz oder teilweise umgesetzt, dann sollte die Betriebsführung einen Antrag auf Bonus und Prämien zur Einführung eines betrieblichen Eingliederungsmanagements bei einem Rehabilitationsträger oder dem Integrationsamt stellen. *Hinweis: siehe Beispiele in diesem Buch*	☐	☐	☐
Rolle des Betriebs-/Personalrats **(sofern vorhanden)** ▪ Der Betriebs-/Personalrat ist bei der Festlegung der unternehmensinternen BEM-Regeln zu beteiligen. ▪ Der Betriebs-/Personalrat ist über die „BEM-Kandidaten" und die Einleitung eines BEM zu informieren. ▪ Der Betriebs-/Personalrat sollte auch im weiteren BEM-Prozess beteiligt sein, allerdings nicht, wenn der Betroffene das nicht wünscht. ▪ Bei der Planung und Umsetzung von Maßnahmen ist im Einzelfall zu prüfen, ob ein Mitbestimmungsrecht besteht, das eine Beteiligung des Betriebs-/Personalrats erforderlich macht.	☐	☐	☐
Rolle der Schwerbehindertenvertretung **(sofern vorhanden)** ▪ Aus praktischer – nicht: rechtlicher – Sicht ist eine Einbindung der Schwerbehindertenvertretung schon bei der Aufstellung der unternehmensinternen BEM-Regeln von Vorteil. ▪ Die Schwerbehindertenvertretung ist über die schwerbehinderten „BEM-Kandidaten" und die Einleitung eines BEM zu informieren. ▪ Die Schwerbehindertenvertretung sollte auch im weiteren BEM-Prozess beteiligt sein, das ist allerdings nicht zwingend, wenn der Betroffene das nicht wünscht.	☐	☐	☐

■ Muster: Informationsblatt für Mitarbeiter

Mitarbeiter krank – was tun!?	
Wir alle wollen effektiv, qualitativ hochwertig, sicher und gesund arbeiten. Jeder von uns kann aber auch krank werden, beispielsweise durch einen Verkehrsunfall oder auch schleichend durch zunehmende Rückenschmerzen. Was tun?	
Ziele	Daher wollen wir ... ■ das Gesundwerden fördern, ■ chronische Erkrankungen vermeiden, ■ krankheitsbedingte Arbeitsunfähigkeiten überwinden, ■ einer erneuten Arbeitsunfähigkeit vorbeugen und ■ den Arbeitsplatz erhalten.
Zielgruppe	Und zwar in folgenden Fällen ... ■ Mitarbeiter ist lange oder wiederholt krank (§ 84 Abs. 2 SGB IX), ■ Arzt attestiert einem Mitarbeiter Einsatzeinschränkungen, ■ Arzt, Fachkraft für Rehabilitation oder Mitarbeiter regt eine stufenweise Wiedereingliederung an, ■ Führungskräfte erkennen einen Unterstützungsbedarf für einen Mitarbeiter, ■ Mitarbeiter sucht in Krankheitsfragen Unterstützung, ■ Sonstige Hinweise auf Gefährdungen am Arbeitsplatz oder andere Risiken für die Beschäftigungsfähigkeit der Mitarbeiter.
Ansprech-person Interessen-vertretung	Um dieses Thema kümmert sich bei uns ... ■ Herr / Frau .... ist die Ansprechperson. Niemand – auch nicht Ihr Vorgesetzter oder ich – erfahren, worüber sie beide gesprochen haben. Sie entscheiden, was andere wissen. ■ Im Falle des § 84 Abs. 2 SGB IX werden von Gesetzes wegen der Betriebsrat und gegebenenfalls die Schwerbehindertenvertretung informiert.

Das Vorgehen im Überblick	
1. Erstkontakt	Herr / Frau .... spricht Sie an und informiert Sie über ein mögliches weiteres Vorgehen. Sehen Sie beide die Notwendigkeit, dann können Sie ....
2. Ausgangslage erfassen und Lösungsansätze finden	... gemeinsam und mit einer Person aus dem Betriebsrat[18] (es sei denn, Sie wünschen dies nicht) ein weiteres Gespräch führen. Dabei gilt es, die Ausgangslage zu erfassen und Lösungsansätze zu finden. Sehen Sie die Notwendigkeit, dann führen Sie im nächsten Schritt ...
3. Maßnahmen planen	... ein Gespräch mit Ihrem Vorgesetzten oder der Betriebsführung, um über das Machbare zu entscheiden. Es werden konkrete Maßnahmen geplant.
4. Bei Bedarf Experten einbinden	Bei Bedarf können spätestens jetzt auch Experten eingeschaltet werden (zum Beispiel Arzt, Fachkräfte der Rehabilitation von außerhalb des Betriebes).
5. Maßnahmen durchführen und bewerten	Die Maßnahmen werden durchgeführt. Regelmäßig werden wir gemeinsam überlegen, ob die Maßnahmen die erhofften Ergebnisse erzielt haben. Bei Bedarf werden dann Änderungen vorgenommen.

---

18 bei schwerbehinderten Menschen auch mit der Schwerbehindertenvertretung

▣ Muster: Präsentation vor Führungskräften und Mitarbeitern

Mitarbeiter krank – was tun!?

Präsentation
Stand: April 2007

Hintergrund

- Alternde Belegschaften
- Längere Lebensarbeitszeit
- Mangel an Nachwuchskräften
- Zunahme chronischer Erkrankungen
- Eingeschränkte Frühverrentungsmöglichkeiten
- § 84 Abs. 2 SGB IX

---

§ 84 Abs.2 SGB IX

Sind Beschäftigte innerhalb eines Jahres länger als sechs Wochen ununterbrochen oder wiederholt arbeitsunfähig, klärt der Arbeitgeber (...) mit Zustimmung und Beteiligung der betroffenen Person die Möglichkeiten, wie die Arbeitsunfähigkeit möglichst überwunden werden und mit welchen Leistungen oder Hilfen erneuter Arbeitsunfähigkeit vorgebeugt und der Arbeitsplatz erhalten werden kann (betriebliches Eingliederungsmanagement). (...)

Warum engagieren wir uns?

Vorteile für den Mitarbeiter

- Kommunikation sichern
- Zur Erhaltung der persönlichen Gesundheit beitragen
- Vermeidung von Überforderungen am Arbeitsplatz
- Einer drohenden Chronifizierung von Erkrankungen vorbeugen
- Schneller volles Gehalt statt Krankengeld beziehen
- Zum langfristigen Erhalt des Arbeitsplatzes beitragen
- Vermeidung von Arbeitslosigkeit aufgrund gesundheitlicher Einschränkungen

Warum engagieren wir uns?

Vorteile für den Arbeitgeber

- Auf alternde Belegschaften vorbereitet sein
- Know-how langjähriger Mitarbeiter erhalten
- Mitarbeiterzufriedenheit und -loyalität erhöhen
- Attraktivität des Unternehmens für Kunden und für (potenzielle) Mitarbeiter steigern
- Kosten der Entgeltfortzahlung vermindern
- Kosten für Gehalt und Einarbeitung für Ersatzkräfte beziehungsweise Überstunden senken
- Öffentliche Gelder abrufen
- Rechtssicherheit schaffen
- Kalkulierbare Kosten statt unerwartete Ausgaben und Mindereinnahmen

Ziele

In folgenden Fällen …

- Mitarbeiter ist lange oder wiederholt krank
- Arzt attestiert einem Mitarbeiter Einsatzeinschränkungen
- Arzt, Fachkraft für Rehabilitation oder Mitarbeiter regt eine stufenweise Wiedereingliederung an
- Führungskräfte erkennen einen Unterstützungsbedarf für einen Mitarbeiter
- Mitarbeiter sucht in Krankheitsfragen Unterstützung
- Sonstige Hinweise auf Gefährdungen am Arbeitsplatz oder andere Risiken für die Beschäftigungsfähigkeit der Mitarbeiter

… wollen wir …

- das Gesundwerden fördern
- eine chronische Erkrankung vermeiden
- krankheitsbedingte Arbeitsunfähigkeiten überwinden
- einer erneuten Arbeitsunfähigkeit vorbeugen und
- den Arbeitsplatz erhalten.

Mögliche Maßnahmen

- Arbeitsplatz anpassen
- Arbeitsumgebung verändern
- technische Arbeitshilfen
- Tätigkeiten verändern
- Arbeitszeit- und Pausenregelungen verändern
- stufenweise Wiedereingliederung
- Leistungsvorgaben anpassen
- Sonderaufgaben
- Rehamaßnahmen
- Qualifizierung
- Sonstiges

Der Ablauf

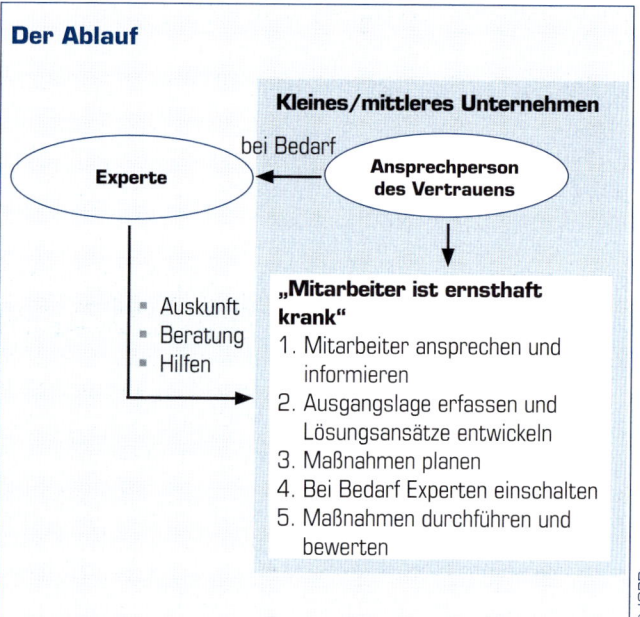

Kleines/mittleres Unternehmen

Experte

bei Bedarf

Ansprechperson
des Vertrauens

- Auskunft
- Beratung
- Hilfen

„Mitarbeiter ist ernsthaft krank"

1. Mitarbeiter ansprechen und informieren
2. Ausgangslage erfassen und Lösungsansätze entwickeln
3. Maßnahmen planen
4. Bei Bedarf Experten einschalten
5. Maßnahmen durchführen und bewerten

© IQPR

Kernprinzip

Die Teilnahme am betrieblichen Eingliederungsmanagement ist freiwillig!

■ Muster: Beratungs- und Unterstützungsangebote

- **Fragen** zu Rehabilitation und Rente? Oder zu Arbeitsplatzumgestaltung, stufenweiser Wiedereingliederung, medizinische Rehabilitation, Umschulung/Weiterbildung? Wer zahlt derartige Maßnahmen?
- **Antworten** geben folgende Experten! Knüpfen Sie schon heute persönliche Kontakte, dann sind Sie auf den Ernstfall gut vorbereitet!

Institution/ Person	Kontakt-daten	Der richtige Ansprech-partner, insbesondere ...	Mögliche Leistungen, insbesondere
Servicestelle www.reha-servicestellen. de		▪ in allen Fragen der Rehabilitation und zum betrieblichen Eingliederungsmanagement (Zuständigkeit, Leistungen, Finanzierung usw.)	▪ Auskunft und Beratung, ▪ Vernetzung mit Experten.
Krankenkasse		▪ wenn eine „freizeitbedingte" Erkrankung vorliegt, das heißt, die Ursache der Erkrankung ist kein Arbeits- oder Wegeunfall oder keine Berufskrankheit – zuständig maximal 78 Wochen wegen derselben Krankheit	▪ Auskunft und Beratung, ▪ Medizinische Reha[1], ▪ Stufenweise Wiedereingliederung[1], ▪ Qualifizierung[2], ▪ Anpassung von Arbeitsplätzen[2], ▪ Technische Hilfsmittel[2], ▪ Medizinische Hilfsmittel, ▪ Zuschüsse an Arbeitgeber[2], ▪ Unterhaltssicherung[1], ▪ Rente[1,2].
Renten-versicherung		▪ wenn eine „freizeitbedingte" Erkrankung vorliegt und die Erwerbsfähigkeit erheblich gefährdet ist, beziehungsweise der Mitarbeiter mindestens 15 Jahre Beiträge gezahlt hat	
Unfallversi-cherung (zum Beispiel Berufsgenossenschaft)		▪ wenn ein Arbeits- oder Wegeunfall vorliegt, ▪ wenn Sie einen Zusammenhang der Erkrankung mit der Arbeit vermuten (Berufskrankheit)	
Arbeits-agentur		▪ wenn weder Krankenkasse noch Rentenversicherung noch Unfallversicherung zuständig ist	

1) nicht Arbeitsagentur   2) nicht Krankenkasse

Institution/ Person	Kontakt- daten	Der richtige Ansprech- partner, insbesondere ...	Mögliche Leistungen, insbesondere
• Integra- tionsamt oder • Integrati- onsfach- dienst • www.inte grations aemter.de		• wenn eine Schwerbehinde- rung oder Gleichstellung vorliegt oder möglich ist (zum Beispiel wenn erheb- liche Gesundheitsstörungen vorliegen)	• Auskunft und Beratung, • Behindertengerechte Arbeitsplätze, • Technische Hilfsmittel, • Zuschüsse an Arbeitgeber, • Arbeitsassistenz.
• Gesund- heits- experten bei Innung oder Kammer			
• Betriebs- arzt			
• Dienstleis- ter • (zum Beispiel Disability Manager, Sicher- heitsfach- kräfte)			

■ Checkliste für den Vorgesetzten/Arbeitgeber: Was sind Anlässe aktiv zu werden?

Was sind Anlässe, einem Mitarbeiter die Unterstützung des Unternehmens anzubieten?

- Der Mitarbeiter ist wiederholt oder länger krank (gesetzliche Pflicht: 42 Arbeitsunfähigkeitstage in den letzten 12 Monaten).
- Die Perspektive eines Mitarbeiters bewegt sich offensichtlich zwischen Arbeit, Krankheit, Rehabilitation und Rente.
- Der Mitarbeiter hat direkt gesundheitliche Schwierigkeiten geäußert.
- Sie als Vorgesetzter erkennen Anzeichen von Überforderung, wie zum Beispiel unbefriedigende Arbeitsqualität oder -quantität.
- Die Ansprechperson sieht Gesprächsbedarf.
- Sie als Vorgesetzter bekommen von Kollegen ein Feedback, das auf gesundheitliche Schwierigkeiten eines Mitarbeiters hindeutet.
- Vermutung einer Suchtproblematik (hier ist professionelle Hilfe erforderlich, da nur selten Freiwilligkeit des Mitarbeiters für konstruktives Handeln besteht!).

Wie soll die Kontaktaufnahme erfolgen?
- Am besten: Ansprechperson Herr / Frau .... nimmt Kontakt auf.
- Anschreiben plus Informationsblatt.
- Betriebsführung, die ferner die Möglichkeit zum Gespräch mit der Ansprechperson anbietet.
- Vorgesetzter, der ferner die Möglichkeit zum Gespräch mit der Ansprechperson anbietet.

■ **Muster: Antrag auf Gewährung einer Prämie gem. § 84 Abs. 3 SGB IX**

Der Antrag sollte individuell auf die Vergabekriterien der Sozialversicherungsträger beziehungsweise Integrationsämter abgestimmt sein. Unterstützung bei der Antragsstellung bietet Ihnen die Örtliche Servicestelle, nachfolgend ein Muster.

Als Anhang werden Nachweisdokumentationen und Handbuch genannt.

■ Nachweisdokumentationen: zum Beispiel die ausgefüllten Selbstbewertungen aus Kapitel 5.1 „Wo steht das Unternehmen?"
■ Handbuch: Ziele, Zielgruppe, Vorgehensweisen, Verantwortlichkeiten, Formulare, Checklisten

Rehabilitationsträger/Integrationsamt
Musterstr. 1
11111 Muster

Antrag auf Gewährung einer Prämie für die Einführung eines betrieblichen Eingliederungsmanagements gemäß § 84 Abs. 3 SGB IX, ...
- *Für das Integrationsamt: ... § 102 Abs. 3 Nr. 2d SGB IX, § 26c SchwbAV*
- *Für die Rehabilitationsträger: ... weitere Rechtsgrundlagen abhängig vom jeweiligen Träger, zum Beispiel bei der Unfallversicherung § 162 Abs. 2 SGB VII, Satzung – wir empfehlen vorherige telefonische Kontaktaufnahme, um die genaue Rechtsgrundlage abzuklären.*

Sehr geehrter Herr Mustermann,

hiermit beantragt die Muster GmbH

die Gewährung einer Prämie für die Einführung eines betrieblichen Eingliederungsmanagements gemäß § 84 Abs. 3 SGB IX ... *(ergänzen wie oben)*

Begründung:

Die Muster GmbH ist ein Unternehmen mit *[Anzahl]* Mitarbeitern aus der Branche *[Branche]*. Mit der Einführung eines betrieblichen Eingliederungsmanagements haben wir begonnen am *[Datum]*.

Zielgruppe bei uns ist:
- Mitarbeiter ist lange oder wiederholt krank,
- Arzt attestiert einem Mitarbeiter Einsatzeinschränkungen,
- Arzt/Mitarbeiter regt eine stufenweise Wiedereingliederung an,
- Führungskräfte erkennen einen Unterstützungsbedarf für einen Mitarbeiter,
- Mitarbeiter sucht in Krankheitsfragen Unterstützung.

Unsere Ziele sind:
- das Gesundwerden fördern,
- eine chronische Erkrankung vermeiden,
- krankheitsbedingte Arbeitsunfähigkeiten überwinden,
- einer erneuten Arbeitsunfähigkeit vorbeugen und
- den Arbeitsplatz erhalten.

Um dieses Thema kümmert sich bei uns eine Vertrauensperson, die nur mit Zustimmung des Mitarbeiters weitere Schritte unternimmt (zum Beispiel den Vorgesetzten, den Chef oder externe Fachleute einbinden). Eine Verschwiegenheitsvereinbarung liegt vor.

Regeln und Verantwortlichkeiten sind verbindlich in einem Handbuch festgelegt. Dabei sind die Selbstbestimmung des betroffenen Mitarbeiters und der Datenschutz gewahrt. Alle Mitarbeiter sind darüber informiert worden. Regelmäßig halten wir die Augen offen nach möglichen Kandidaten für das betriebliche Eingliederungsmanagement und melden diese der Vertrauensperson.

Sie finden anhängend wichtige Nachweisdokumentationen sowie unser Handbuch mit den wesentlichen Handlungsschritten und Instrumenten.

Zusätzlich beim Antrag für das Integrationsamt: Wir beschäftigen bei uns *[absolute Anzahl]* schwerbehinderte und gleichgestellte Menschen. Das entspricht einer Beschäftigungsquote von *[relative Anzahl]* Prozent. Die Voraussetzungen des § 71 SGB IX erfüllen wir also.

Da unser betriebliches Eingliederungsmanagement wie oben gezeigt weit über die gesetzlichen Mindestvorgaben hinausgeht, beantragen wir eine Prämie für die Einführung eines betrieblichen Eingliederungsmanagements gemäß § 84 Abs. 3 SGB IX.

Sofern Sie Fragen zu unserem betrieblichen Eingliederungsmanagement haben, stehe ich Ihnen gerne zur Verfügung.

Mit freundlichen Grüßen

....
Arbeitgeber Muster GmbH

Anhang:
- Nachweisdokumentationen
- Handbuch

5.2   Praxishilfen „Mitarbeiter ist krank"

▪ Muster: Anschreiben zur Kontaktaufnahme

Adresse Mitarbeiter

Einladung zum Informationsgespräch

Sehr geehrter Frau / Herr [Name],

sicherlich erinnern Sie sich noch an unsere Informationsveranstaltung „Mitarbeiter krank – was tun!?". Damals ging es unter anderem darum, dass wir bei längerer oder wiederholter Arbeitsunfähigkeit frühzeitig nach Möglichkeiten suchen wollen,
- das Gesundwerden zu fördern,
- eine chronische Erkrankung zu vermeiden,
- krankheitsbedingte Arbeitsunfähigkeiten zu überwinden,
- einer erneuten Arbeitsunfähigkeit vorzubeugen und
- den Arbeitsplatz zu erhalten.

Anhängend finden Sie das Informationsblatt zu dieser Veranstaltung.

Sie waren in den letzten zwölf Monaten insgesamt *[Anzahl]* Tage krank – was tun!?

Ich bitte Sie, mit Herrn/Frau [Name] Kontakt aufzunehmen. Er/sie wird Sie unverbindlich informieren, was wir gemeinsam unternehmen können. Außerdem beantwortet er/sie im Vertrauen Ihre möglicherweise vorhandenen Fragen.

Sofern vorhanden:
Auf Ihren Wunsch hin können eine Person des Betriebs-/Personalrates und/oder die Schwerbehindertenvertretung an diesem Gespräch teilnehmen.

Diese Unterstützung biete ich Ihnen an, nicht nur, weil ich dazu gesetzlich verpflichtet bin. Vielmehr möchte ich auch im Krankheitsfall das Beste für meine Mitarbeiter.

Verbunden mit den besten Wünschen für eine baldige Genesung,

Arbeitgeber Muster GmbH

Anlage
- Informationsblatt

▪ Gesprächsleitfaden für die Ansprechperson: Erstkontakt

Ziel: positive Aufmerksamkeit des Betriebes signalisieren, Vertrauen zum Mitarbeiter aufbauen und Kooperationsbereitschaft wecken (Hintergrund: Ohne die Zustimmung des Mitarbeiters ist der Prozess beendet) – daher ist Wertschätzung, Einfühlungsvermögen und Behutsamkeit gefordert!

Rahmenbedingungen
- Wer? Ansprechperson,
- Störungsfreie Umgebung,
- Die Beteiligten unterliegen dem Datenschutz,
- Material für den Mitarbeiter:
  Infoblatt (am besten vorher zukommen lassen),
  Ausgangslage, Handlungsmöglichkeiten, Vereinbarung zum Schutz persönlicher Daten (im Verlauf des Gesprächs),
- Dokumentation für den Arbeitgeber im Falle des § 84 Abs. 2 SGB IX.

Gesprächsinhalt
1. Interesse bekunden, die Arbeitsunfähigkeit zu überwinden und das Gesundwerden zu fördern.

2. Schriftliche Informationen zum weiteren Vorgehen (Infoblatt) aushändigen, erläutern und offene Fragen beantworten.

3. Die nächsten Schritte vorstellen:
   a) Zunächst mit der Ansprechperson und/oder mit einer anderen Person der Wahl (zum Beispiel Betriebsrat) die Ausgangslage erfassen und Lösungsansätze entwickeln,
   b) danach mit dem Arbeitgeber/Vorgesetzten – bei Bedarf auch mit einem Experten – über das Machbare entscheiden.

4. Grundsätzliches zum Datenschutz aufzeigen: Der Mitarbeiter ist Herr insbesondere über gesundheitsbezogene Daten, das heißt, der Arbeitgeber oder die Personalabteilung erfährt nur das, was der Mitarbeiter preisgibt, die Ansprechperson unterliegt der Verschwiegenheit (siehe „Vereinbarung zum Schutz persönlicher Daten").

5. Nach der grundsätzlichen Bereitschaft für weitere Schritte fragen
   - Mitarbeiter ist nicht interessiert:
     – Möglichkeit einräumen, die Entscheidung zu überdenken,
     – im Falle des § 84 Abs. 2 SGB IX (42 Arbeitsunfähigkeitstage in den letzten zwölf Monaten) erklären, dass bei einer eventuellen Nichtteilnahme keine arbeitsrechtlichen Konsequenzen drohen.

▪ Mitarbeiter ist interessiert: Termin und Gesprächspartner für Gespräch „Lösungsansätze entwickeln" vereinbaren.

Hintergrund: Das Gespräch „Lösungsansätze entwickeln" sollte frei von Zielkonflikten geführt werden können. Es ist vor allem Kreativität gefragt. Nicht zuletzt ist der betroffene Mitarbeiter „Experte in eigener Sache". Das bedeutet: Das Gespräch sollte auf kollegialer Ebene geführt werden, entweder mit der Ansprechperson und/oder mit einer anderen Person, die der betroffene Mitarbeiter auswählt.

6. Dokumentation für den Arbeitgeber im Falle des § 84 Abs. 2 SGB IX gemeinsam mit dem Mitarbeiter anfertigen.

■ **Gesprächsleitfaden für die Ansprechperson:**
Ausgangslage erfassen und Lösungsansätze entwickeln

Ziel: Vertrauen zum Mitarbeiter vertiefen, detailliert über das Vorgehen informieren, weitere Kooperationsbereitschaft erfragen, mögliche Zusammenhänge zwischen Erkrankung und den Tätigkeiten/dem Arbeitsplatz erkennen, gemeinsam Lösungsansätze entwickeln, die nächsten Schritte planen.

Rahmenbedingungen
- Wer: Ansprechperson – betroffener Mitarbeiter – sofern vorhanden, sollte der Betriebs-/Personalrat und bei schwerbehinderten Mitarbeitern die Schwerbehindertenvertretung beteiligt werden (es sei denn, der Mitarbeiter wünscht dies nicht),
- Störungsfreie Umgebung wählen,
- Die Beteiligten unterliegen dem Datenschutz,
- Materialien: Infoblatt, Ausgangslage erfassen, Handlungsmöglichkeiten, Checkliste zur Gesprächsvorbereitung,
- Dokumentation für den Arbeitgeber im Falle des § 84 Abs. 2 SGB IX.

Gesprächsinhalt	Hilfsmittel
1. Ziel des zweiten Gesprächs erläutern: Ausgangslage erfassen, Lösungsansätze entwickeln und weitere Schritte planen.	–
2. Bei Bedarf offene Fragen klären.	–
3. Spätestens jetzt „Vereinbarung zum Schutz persönlicher Daten" unterschreiben. Hinweis: Die Vereinbarung ist zum Vorteil des Mitarbeiters.	Datenschutz-erklärung
4. Ausgangslage erfassen. Hinweis: für diesen Schritt Zeit nehmen.	Ausgangs-lage
5. Gemeinsam Lösungsansätze entwickeln.	Lösungs-ansätze
6. Die nächsten Schritte besprechen und terminieren, diese sind: - Lösungsansätze mit dem Vorgesetzten besprechen (bei Bedarf dem Mitarbeiter eine Checkliste zur Gesprächsvorbereitung aushändigen), - bei Bedarf sorgt der Mitarbeiter für ärztliche Abklärung.	Checkliste zur Gesprächs-vorbereitung
7. Dokumentation für den Arbeitgeber im Falle des § 84 Abs. 2 SGB IX gemeinsam mit dem Mitarbeiter anfertigen.	Vorlage
8. Bei Bedarf Protokoll anfertigen und zur persönlichen Akte nehmen.	–

■ Checkliste für den Mitarbeiter: Ausgangslage erfassen

Name _____ Datum _____

Es ist zunächst sinnvoll, die Ausgangslage möglichst genau zu erfassen. Nehmen Sie sich dafür Zeit, bei Bedarf gemeinsam mit der Ansprechperson. Im nächsten Schritt fällt es auf dieser Basis leichter, Lösungsansätze zu entwickeln.

Nutzen Sie diese Hilfen! Was davon Ihr Vorgesetzter/Arbeitgeber erfährt, entscheiden allein Sie!

---

1. Grundlegendes zum Status quo
- Schwerbehinderung/Gleichstellung liegt vor   ja ☐   nein ☐
- Antrag auf Reha gestellt   ja ☐   nein ☐
- Antrag auf Rente gestellt   ja ☐   nein ☐
- Ärztliche Stellungnahmen liegen vor   ja ☐   nein ☐

---

2. _Unabhängig von der Arbeit_ fallen mir gegenwärtig folgende Tätigkeiten schwer:
- Körperlich: zum Beispiel gehen, laufen, sitzen, stehen, heben, bücken, tragen, steigen, knien, balancieren, Oberkörper verdrehen, Fingerfertigkeit, Armbewegungen über Kopf
- Geistig: zum Beispiel mich konzentrieren, reden, Angst vor Stürzen

---

3. _Bezogen auf meinen Arbeitsplatz_ bereiten mir gegenwärtig folgende Tätigkeiten ...

    ... Schwierigkeiten

    ... keine Schwierigkeiten

---

4. _Bezogen auf meinen Arbeitsplatz_ bereiten mir gegenwärtig folgende Rahmenbedingungen Schwierigkeiten ...
zum Beispiel Arbeitsdauer, Termindruck, Kundenkontakt, Wechselschicht, Geräuschpegel, Raumtemperatur ...

---

5. Gibt es Zusammenhänge zwischen meiner Erkrankung und den Arbeitstätigkeiten/dem Arbeitsplatz?

6. Ist damit zu rechnen, dass ich nicht wieder vollständig gesund werde, sodass ich nur mit Einschränkungen an meinem ursprünglichen Arbeitsplatz oder mit Veränderungen am Arbeitsplatz wieder arbeiten kann?

◼ Muster: Lösungsansätze entwickeln

Kann jemand aus gesundheitlichen Gründen nicht mehr so wie bisher arbeiten, gibt es Handlungsmöglichkeiten im Bereich der **T**echnik, der **O**rganisation und der **P**erson **(TOP)**. Haben Sie noch weitere Ideen?

	Handlungsmöglichkeiten	Sinnvoll, dauerhaft	Sinnvoll, für eine überschaubare Zeit	Bedingt sinnvoll, mehr Infos nötig	Nicht sinnvoll
Technik	Technische Veränderungen am Arbeitsplatz, zum Beispiel Werkzeug, Arbeitsmittel, Gegenstände, Bedienteile.	☐	☐	☐	☐
	Veränderungen in der Arbeitsumgebung, zum Beispiel Beleuchtung, Lautstärke.	☐	☐	☐	☐
	Anschaffung von technischen Arbeitshilfen, zum Beispiel zur Lastenhandhabung oder Kraftverstärkung.	☐	☐	☐	☐
Organisation	Veränderungen der Arbeitszeit.	☐	☐	☐	☐
	Veränderung der Pausenregelung.	☐	☐	☐	☐
	Veränderung von quantitativen Leistungsvorgaben, zum Beispiel Stückzahl.	☐	☐	☐	☐
	Stufenweise Wiedereingliederung.	☐	☐	☐	☐
	Veränderung der Tätigkeit, zum Beispiel bestimmte Tätigkeiten weglassen, mit Kollegen tauschen.	☐	☐	☐	☐
	Sonderaufgaben, fachfremde Tätigkeit, vernachlässigte Aufgaben, zum Beispiel Vorbereitung eines Jubiläums, Erstellung Firmenarchiv, Dokumentation wichtiger Vorgänge, Einarbeiten eines Kollegen.	☐	☐	☐	☐
Person	Qualifizierung, um andere Einsatzmöglichkeiten im Betrieb erschließen zu können.	☐	☐	☐	☐
	Weitere gesundheitliche Abklärung, Rehamaßnahme (Betriebs-, Haus- oder Facharzt).	☐	☐	☐	☐
Sonstiges, konkrete Vorschläge ...					

■ **Checkliste für den Mitarbeiter: Vorbereitung des Gesprächs mit dem Vorgesetzten/Arbeitgeber**

Sie haben Ihre Ausgangslage erfasst und Lösungsansätze entwickelt. Im nächsten Schritt gilt es, diese Lösungsansätze dem Vorgesetzten/Arbeitgeber zu unterbreiten und über das Machbare zu entscheiden. Sie sollten offen für mögliche Alternativvorschläge in ein solches Gespräch hineingehen. Auf jeden Fall zeigen Sie durch Ihre Vorschläge, dass Sie engagiert und an Ihrem Beruf interessiert sind. Zur Gesprächsvorbereitung können Sie sich an folgenden Fragen orientieren.

- Wer soll teilnehmen (beispielsweise Betriebs-/Personalrat oder Schwerbehindertenvertretung)?
- Wann soll das Gespräch stattfinden?
- Wie kündige ich es an?
- Welchen Vorschlag will ich unterbreiten?
- Welche Alternativen kommen noch in Frage?
- Wie will ich meinen Vorschlag begründen?
- Welche anderen Möglichkeiten der Begründung gibt es noch?
- Welchen Nutzen hat mein Arbeitgeber von der vorgeschlagenen Veränderung?
- Was schlage ich hinsichtlich der Organisation meines derzeitigen Aufgabengebietes vor?
- Welche Reaktionen erwarte ich?
- Zu welchen materiellen Zugeständnissen bin ich bereit?
- Mit welcher Vereinbarung will ich das Gespräch beenden?
- (…)

Gesprächsleitfaden für den Vorgesetzten/Arbeitgeber: Maßnahmen planen

Ziel: Die vom Mitarbeiter entwickelten Lösungsansätze bewerten, Maßnahmen planen, den Bedarf externer Unterstützung ermitteln.

Rahmenbedingungen
- Vorgesetzter/Arbeitgeber – betroffener Mitarbeiter – sofern vorhanden, sollte der Betriebs-/Personalrat und bei schwerbehinderten Mitarbeitern die Schwerbehindertenvertretung beteiligt werden (es sei denn, der Mitarbeiter wünscht dies nicht), auf Wunsch des Mitarbeiters auch weitere (zum Beispiel Ansprechperson),
- Störungsfreie Umgebung,
- Die Beteiligten unterliegen der Verschwiegenheit,
- Material: Lösungsansätze, Maßnahmeplan,
- Dokumentation für den Arbeitgeber im Falle des § 84 Abs. 2 SGB IX.

Gesprächsvorbereitung
- Zeigen sich Tendenzen in den aufgetretenen Fehlzeiten?
- Liegen bereits betriebsärztliche Stellungnahmen vor?
- Liegt eine Schwerbehinderung/Gleichstellung vor und gibt es Hinweise, dass diese in Zusammenhang mit der Erkrankung steht?
- Gibt es eine aktuelle Gefährdungsbeurteilung für den Arbeitsplatz?
- Welche Handlungsmöglichkeiten kommen in Frage? Siehe dazu → Muster: Lösungsansätze.

Das Gespräch mit dem Mitarbeiter	Hilfsmittel
1. Ziel des Gesprächs erläutern: Maßnahmeplan erstellen.	–
2. Vorschläge des Mitarbeiters aktiv anhören und zu verstehen versuchen.	–
3. Bei Bedarf Alternativvorschläge unterbreiten.	Lösungsansätze
4. Die gefundenen Maßnahmen schriftlich festhalten und terminieren.	Maßnahmeplan
5. Bei Bedarf einen Experten einschalten (zum Beispiel zu Fördermöglichkeiten).	Expertenliste Fördermittel Datenschutzdokumente
6. Bei Bedarf weiteres Gespräch terminieren.	–
7. Dokumentation für den Arbeitgeber im Falle des § 84 Abs. 2 SGB IX gemeinsam mit dem Mitarbeiter anfertigen.	Vorlage

■ **Muster: Informationen für den behandelnden Arzt**

Name: _____ Datum _____ bearbeitet von _____

■ Stufenweise Wiedereingliederung ist in unserem Unternehmen grundsätzlich möglich/nur bedingt möglich/nicht möglich (nicht Zutreffendes bitte streichen)

■ Bei Fragen zu den Arbeitsanforderungen können Sie gerne wenden an Herr / Frau (Funktion), _____ Tel.: _____ E-Mail: _____

■ Tätigkeitsbezeichnung _____

	Anforderungen am Arbeitsplatz (Dauer, Häufigkeit, Intensität)			
	nicht vorhanden	**gering**	**mittel**	**hoch**
Körperhaltung				
▪ sitzen				
▪ stehen				
Körperteilbewegung				
▪ Armbewegungen über Kopf				
▪ Armbewegungen in Schulterhöhe				
▪ Armbewegungen unterhalb der Schulter				
▪ Fingerfertigkeit				
komplexe Bewegung				
▪ gehen ohne Last				
▪ bücken				
▪ heben				
▪ gehen mit Last (tragen)				
▪ steigen, klettern (zum Beispiel Leiter, Gerüst)				

	Anforderungen am Arbeitsplatz (Dauer, Häufigkeit, Intensität)			
	nicht vorhanden	**gering**	**mittel**	**hoch**
Informationsaufnahme				
▪ sehen				
▪ hören				
▪ mit Fingern fühlen				
psychische Anforderungen				
▪ Kundenkontakt				
▪ sich konzentrieren müssen				
▪ sich ständig umstellen müssen				
Umgebungseinflüsse				
▪ im Freien arbeiten				
▪ Lärm				
Sonstiges (zum Beispiel Schichtdienst)				

Die Systematik dieser Dokumentation ist an das Profilvergleichssystem IMBA angelehnt, www.imba.de

▧ Checkliste: Abschlussbewertung

Ziel: die Maßnahmen formal abschließen, Lernprozess für die Ansprechperson

Rahmenbedingungen
- Einzelgespräche: Ansprechperson – Mitarbeiter, Ansprechperson – Vorgesetzter
- Störungsfreie Umgebung
- Die Beteiligten unterliegen der Verschwiegenheit

Gesprächsinhalt
- Hatten Sie alle Informationen, die Sie brauchten?
- Wie zufrieden sind Sie mit dem erreichten Ergebnis?
- Wurden Ihre Vorstellungen angemessen berücksichtigt?
- Wurde der Datenschutz eingehalten?
- Würden Sie das Vorgehen einem Kollegen empfehlen?
- Was hätte besser laufen können?
- Welche Maßnahmen zur Erhaltung und Förderung der Gesundheit können ergriffen werden?
- (…)

5.3   Praxishilfen „Dokumentation und Datenschutz"

▨ Muster: Vereinbarung zur Verschwiegenheit der Ansprechperson

Muster GmbH

Vereinbarung zur Verschwiegenheit der Ansprechperson im Rahmen des betrieblichen Eingliederungsmanagements

zwischen

Unternehmen *Muster GmbH* vertreten durch *Musterchef*

und

Ansprechperson *Mustermann*

Herr/Frau Mustermann wurde heute über die Bestimmungen des Datenschutzes unterrichtet. Er/sie wurde besonders darüber belehrt, dass Einzelangaben über persönliche und sachliche Verhältnisse bezüglich Behinderungen/Leistungseinschränkungen/Diagnosen, die bei der Erfüllung der Aufgaben im Rahmen des betrieblichen Eingliederungsmanagements zur Kenntnis gelangen, Dritten gegenüber geheim zu halten sind und nicht unbefugt offenbart werden dürfen.

Alle Unterlagen, die solche Einzelangaben enthalten, sind so zu verwahren, dass Dritte keine Einsicht nehmen, keine Änderungen oder Löschungen vornehmen und nichts entnehmen können.

Als Dritte im vorstehenden Sinne gelten auch der/die Arbeitgeber/in und die bei ihm/ihr beschäftigten Personen, die Personalentscheidungen treffen.

Der/die Arbeitgeber/in und die bei ihm/ihr beschäftigten Personen, die Personalentscheidungen treffen, dürfen von der Ansprechperson nicht verlangen, dass er/sie gegen oben genannte Verpflichtung verstößt.

Die Ansprechperson unterzeichnet diese Niederschrift nach Kenntnisnahme zum Zeichen der Verpflichtung und bestätigt gleichzeitig den Empfang einer Ausfertigung der Niederschrift.

Ort, Datum	Ansprechperson	Musterchef

■ Muster: Vereinbarung zum Schutz persönlicher Daten zwischen Ansprechperson und Mitarbeiter

Muster GmbH

Vereinbarung zum Schutz persönlicher Daten im Rahmen des betrieblichen Eingliederungsmanagements

zwischen

Ansprechperson *Mustermann*

und

Mitarbeiter/in *Musterfrau*

schließen folgende Vereinbarung über den Schutz persönlicher Daten im Rahmen des betrieblichen Eingliederungsmanagements (BEM).

Den Vereinbarungspartnern ist bekannt, dass die Teilnahme am BEM freiwillig ist und der Mitarbeiter der Teilnahme am BEM jederzeit und uneingeschränkt widersprechen kann.

Widerspricht der Mitarbeiter der Erhebung oder Weitergabe seiner Daten, entstehen ihm dadurch keine arbeitsrechtlichen Nachteile.

Der Mitarbeiter ist darüber informiert, dass die Ansprechperson keine Daten, soweit sie nicht auf beiliegendem Datenblatt (Anlage 1) aufgeführt sind, an den Arbeitgeber weiterleiten darf. Eine entsprechende Vereinbarung zwischen Arbeitgeber und Ansprechperson liegt in Kopie bei (Anlage 2). Die auf dem beiliegenden Datenblatt erfassten Daten sind für den Arbeitgeber zur Erfüllung seiner Pflicht zum BEM erforderlich und können daher an ihn weitergeleitet werden.

Eine Weitergabe von Daten an andere Dritte (zum Beispiel Vorgesetzte, Ärzte, Rehabilitationsträger, Rehaeinrichtungen) erfolgt nur nach vorheriger Aufklärung und mit Einwilligung des Mitarbeiters.

Der Mitarbeiter ist belehrt worden über die Freiwilligkeit der gemachten Angaben, der Datenspeicherung, -veränderung und -nutzung. Er ist informiert, dass er Einsicht in alle Urkunden und Dokumente, die seine Person betreffen, nehmen kann.

Dieses Dokument wird zur Personalakte genommen.

Anlage
1. Datenblatt: Dokumentation zugänglich für den Arbeitgeber
2. Verschwiegenheitsvereinbarung zwischen Ansprechperson und Arbeitgeber

Ort, Datum	Ansprechperson	Mitarbeiter/in

Muster: Weitergabe von Daten an Dritte

Muster GmbH

Einwilligung zur Weitergabe von Daten an Dritte

Name: _____

Vorname: _____

Geburtsdatum: _____

Hiermit willige ich ein, dass Daten aus Gesprächen und/oder Dokumenten, die im Rahmen des betrieblichen Eingliederungsmanagements (BEM) erhoben wurden,

_____ (gegebenenfalls Datenquellen benennen)

zum Zweck des BEM an folgende Institutionen/Personen, die in das BEM einbezogen sind, weitergegeben werden.

_____ (Institutionen/Personen genau benennen)

_____   _____
Ort, Datum   Mitarbeiter/in

◼ Muster: Schweigepflichtsentbindung/Einwilligung in die Einholung von Daten bei Dritten

Muster GmbH

Schweigepflichtsentbindung/Einwilligung in die Einholung von Daten bei Dritten
(Unzutreffendes bitte streichen!)

Name: _____

Geburtsdatum: _____

Herr/Frau (Name der Ansprechperson) ist im Rahmen des betrieblichen Eingliederungsmanagements (BEM) beauftragt, mir zu helfen und das Gesundwerden zu
fördern, damit eine chronische Erkrankung vermieden, krankheitsbedingte Arbeitsunfähigkeiten überwunden, einer erneuten Arbeitsunfähigkeit vorgebeugt wird und
mein Arbeitsplatz erhalten bleibt. Zu diesem Zweck ist es notwendig, dass die oben
genannte Ansprechperson gemeinsam mit mir die Ausgangslage erarbeitet. Auf dieser
Grundlage soll dann der Handlungsbedarf geklärt und entsprechende Maßnahmen
geplant und durchgeführt werden. Die oben genannte Ansprechperson ist gegenüber
meinem/r Arbeitgeber/in und den bei ihm/ihr beschäftigten Personen, die Personalentscheidungen treffen, zur Verschwiegenheit über meine Daten verpflichtet.

Es hat sich herausgestellt, dass ich selbst nicht über alle Informationen verfüge, die
für die Planung weiterer Schritte bedeutsam sind. Daher bin ich damit einverstanden,
dass weitere fachkundige Personen beziehungsweise Stellen, bei denen solche Informationen vorliegen, zum Zweck des BEM eingebunden werden.

Alternative 1: Schweigepflichtsentbindung
Um dies zu ermöglichen, entbinde ich folgende Personen gegenüber der oben genann-
ten Ansprechperson insoweit von ihrer gesetzlichen Schweigepflicht, wie dies zum
Zweck des BEM erforderlich ist, und willige in die Weitergabe der zum Zwecke des
BEM erforderlichen Daten von diesen Personen an die oben genannte Ansprechperson
ein.

☐   behandelnder Arzt, (Name, Anschrift…)
☐   Facharzt (Name, Anschrift)
☐   _____

Alternative 2: Einwilligung für die Einholung von Daten bei dritten Stellen

Um dies zu ermöglichen, willige ich ein, dass folgende Personen oder Institutionen der oben genannten Ansprechperson von ihr erfragte, für das BEM erforderliche Daten zum Zweck des BEM weitergeben.

- ☐ Krankenkasse
- ☐ Rentenversicherung
- ☐ Unfallversicherung
- ☐ _____

_____

Ort, Datum   Mitarbeiter/in

■ Muster: Dokumentation für den Arbeitgeber (im Falle des § 84 Abs. 2 SGB IX)

Hinweis für die Ansprechperson: Sämtliche Aufzeichnungen, die über die nachfolgenden Punkte hinausgehen, sind von diesem Blatt getrennt und nicht zugänglich für Dritte (also auch nicht für den Arbeitgeber oder Personen, die Personalentscheidungen treffen) aufzubewahren.

Name _____

1. Mitarbeiter ansprechen ☐ Ansprechperson	Datum _____
2. Ausgangssituation erfassen und Lösungsansätze entwickeln ☐ Ansprechperson ☐ Mitarbeiter ☐ ggf. Interessenvertretung*⁾	Datum _____ *„Vereinbarung zum Schutz persönlicher Daten"* liegt vor ja ☐ nein ☐
3. Maßnahmen planen ☐ Vorgesetzter/Unternehmer ☐ Mitarbeiter ☐ ggf. Ansprechperson ☐ ggf. Interessenvertretung*⁾	Datum _____ Experte notwendig ja ☐ nein ☐ (siehe Schritt 4)
4. Bei Bedarf externe Experten einbinden ☐ Ansprechperson ☐ Experte ☐ ggf. Interessenvertretung**⁾	Datum _____
5. Maßnahmen durchführen und bewerten ☐ Vorgesetzter ☐ Ansprechperson ☐ Mitarbeiter ☐ ggf. Interessenvertretung*⁾**⁾	■ BEM beendet am *Datum* einvernehmlich ja ☐ nein ☐ ■ Abschlussbewertung ja ☐ nein ☐

Datum	Maßnahmen (soweit den Arbeitgeber betreffend)	Ergebnisse (soweit den Arbeitgeber betreffend)	Zeichen

---

*⁾ Sofern vorhanden, sollte der Betriebs-/Personalrat und bei schwerbehinderten Mitarbeitern die Schwerbehindertenvertretung beteiligt werden (es sei denn, der Mitarbeiter wünscht dies nicht).

**⁾ Bei Maßnahmen, die der Mitbestimmung unterliegen, ist spätestens vor der Durchführung der Betriebs-/Personalrat zwingend einzubinden.

▦ Muster: Maßnahmeplan und Verlaufsdokumentation

Name _____

Datum	Maßnahme	Ergebnis[1]	Zeichen

---

1) Entspricht die Arbeitsleistung der erforderlichen Qualität und Quantität? Beschwerdefrei? Wenn nein:
   - Worin liegt die Ursache? (zum Beispiel Vereinbarung nicht eingehalten, vereinbarte Anforderungen zu hoch, gesundheitliche Veränderung).
   - Mit welchen Maßnahmen lässt sich das Problem beheben?

5.4   Hintergrundinformationen

■ **Information: Gesetzestext § 84 SGB IX**

§ 84 SGB IX Prävention

(1) [...]

(2) Sind Beschäftigte innerhalb eines Jahres länger als sechs Wochen ununterbrochen oder wiederholt arbeitsunfähig, klärt der Arbeitgeber mit der zuständigen Interessenvertretung im Sinne des § 93, bei schwerbehinderten Menschen außerdem mit
der Schwerbehindertenvertretung, mit Zustimmung und Beteiligung der betroffenen
Person die Möglichkeiten, wie die Arbeitsunfähigkeit möglichst überwunden werden
und mit welchen Leistungen oder Hilfen erneuter Arbeitsunfähigkeit vorgebeugt und
der Arbeitsplatz erhalten werden kann (betriebliches Eingliederungsmanagement).
Soweit erforderlich wird der Werks- oder Betriebsarzt hinzugezogen. Die betroffene Person oder ihr gesetzlicher Vertreter ist zuvor auf die Ziele des betrieblichen
Eingliederungsmanagements sowie auf Art und Umfang der hierfür erhobenen und
verwendeten Daten hinzuweisen. Kommen Leistungen zur Teilhabe oder begleitende
Hilfen im Arbeitsleben in Betracht, werden vom Arbeitgeber die örtlichen gemeinsamen Servicestellen oder bei schwerbehinderten Beschäftigten das Integrationsamt
hinzugezogen. Diese wirken darauf hin, dass die erforderlichen Leistungen oder Hilfen
unverzüglich beantragt und innerhalb der Frist des § 14 Abs. 2 Satz 2 erbracht werden. Die zuständige Interessenvertretung im Sinne des § 93, bei schwerbehinderten
Menschen außerdem die Schwerbehindertenvertretung, können die Klärung verlangen.
Sie wachen darüber, dass der Arbeitgeber die ihm nach dieser Vorschrift obliegenden
Verpflichtungen erfüllt.

(3) Die Rehabilitationsträger und die Integrationsämter können Arbeitgeber, die ein
betriebliches Eingliederungsmanagement einführen, durch Prämien oder einen Bonus
fördern.

■ **Information: Gesetzestext §§ 6, 7 der von den Rehabilitationsträgern verabschiedeten Gemeinsamen Empfehlung „Prävention
nach § 3 SGB IX"**

Siehe auch www.bar-frankfurt.de

Gemeinsame Empfehlung „Prävention nach § 3 SGB IX"

§ 6 Koordination und Vernetzung

(1) Rehabilitationsträger werden aktiv, wenn sie Anhaltspunkte über die Erfordernis
möglicher Präventionsmaßnahmen im Sinne des SGB IX haben. Durch Absprachen
zwischen Rehabilitationsträgern und betriebsinternen und -externen Partnern (z.B.
Arbeitgeber, Betriebs- und Personalräte, Schwerbehindertenvertretung, Betriebs-,
Haus- oder Fachärzte, arbeitsmedizinische und sicherheitstechnische Dienste, So-
zialdienste, Betroffenenverbände und andere Beteiligte) wird geklärt, welche Vorgehenskonzepte und konkreten Maßnahmen geeignet sind, Behinderungen und drohende
Chronifizierungen zu vermeiden.

(2) Um die jeweiligen Maßnahmen der Prävention für bestimmte Risikogruppen von
Erwerbspersonen zielgerichtet, unverzüglich und ohne Zugangshemmnisse erbringen
zu können, bedarf es eines umfassenden Informations- und Kooperationsnetzes aller
Beteiligten. Austauschmöglichkeiten und Koordinierungsgremien sollen genutzt werden, z.B. regional, branchen- oder betriebsbezogen.

§ 7 Betriebliches Eingliederungsmanagement

(1) Die Arbeitgeber sind nach § 84 Abs. 2 SGB IX verpflichtet, ein betriebliches Eingliederungsmanagement einzuführen, um Beschäftigten, die länger als sechs Wochen
im Jahr arbeitsunfähig sind, Möglichkeiten zu eröffnen, wie die Arbeitsunfähigkeit
möglichst überwunden werden und mit welchen Leistungen oder Hilfen erneuter
Arbeitsunfähigkeit vorgebeugt oder der Arbeitsplatz erhalten werden kann.

(2) Kommen Leistungen zur Teilhabe oder begleitende Hilfen im Arbeitsleben in
Betracht, werden vom Arbeitgeber die örtlichen Gemeinsamen Servicestellen oder bei
schwerbehinderten Beschäftigten das Integrationsamt hinzugezogen. Die Rehabilitationsträger bzw. die Integrationsämter wirken darauf hin, dass die erforderlichen
Leistungen unverzüglich beantragt werden und stellen sicher, dass hierüber innerhalb
der Frist des § 14 Abs. 2 Satz 2 SGB IX entschieden wird.

(3) Die Rehabilitationsträger und Integrationsämter unterstützen die Arbeitgeber bei dem betrieblichen Eingliederungsmanagement. Die Vorgehenskonzepte nach § 6 können Bestandteil des betrieblichen Eingliederungsmanagements sein.

(4) Die Rehabilitationsträger und die Integrationsämter prüfen – auch unter Berücksichtigung der zur Verfügung stehenden Finanzmittel –, ob durch Prämien oder einen Bonus Arbeitgeber gefördert werden können, die ein betriebliches Eingliederungsmanagement einführen (§ 84 Abs. 4 SGB IX). Hierzu stimmen sie sich gemeinsam über Voraussetzungen sowie Art und Umfang der Förderung ab.

▦ Information: Tipps zur Gesprächsführung

Tipps zur Gesprächsführung (aus www.pragmagus.de)

Sie haben es selbst in der Hand, die Kommunikation mit Ihren Mitarbeiter(inne)n richtig zu gestalten. Hier finden Sie ein paar Tipps, die Sie in den Gesprächen berücksichtigen sollten. Dabei sollten Sie sich bewusst sein, dass Verständnis im Gespräch manchmal besser und manchmal schlechter entsteht.

1. Zuhören und verstehen wollen – versuchen Sie, das Gesprächsthema „durch die Augen des anderen" zu sehen. Gehen Sie davon aus, dass Missverstehen wahrscheinlicher ist als Verstehen.

2. Andere so behandeln und mit anderen so sprechen, wie Sie selbst behandelt oder angesprochen werden möchten.

3. Den/Die Gesprächspartner/-in beobachten und versuchen, seine/ihre Probleme und Gefühle zu erkennen und auf sie einzugehen – seine/ihre Probleme und Gefühle nicht herunterspielen und abwerten.

4. Die persönlichen Erfahrungen und Äußerungen zu Belastungen, Sicherheitsbedenken und Gesundheitsbeeinträchtigungen ernst nehmen und besprechen.

5. Ärger nicht in Vorwürfe, Belehrungen und Besserwisserei umsetzen.

6. Probleme und Konflikte nicht zudecken, sondern Differenzen offen ansprechen.

7. Zu eigenen Fehlern stehen und sie offen ansprechen – nicht versuchen, sich herauszureden, sich zu rechtfertigen oder Alibis zu schaffen.

8. Bei Unklarheiten Fragen stellen, möglichst nichts in Aussagen hineininterpretieren und Unterstellungen möglichst vermeiden – keine Sündenböcke suchen.

9. Kritik als Verbesserung einer Situation ansehen, auf keinen Fall persönlich nehmen und als Bedrohung empfinden – Kritik ist ein Weg zum Bessermachen und zum Lernenwollen.

■ **Information: Förderinstrumente**

§ 84 Abs. 3 SGB IX

Gem. § 84 Abs.3 SGB IX können die Rehabilitationsträger und die Integrationsämter die Arbeitgeber, die ein betriebliches Eingliederungsmanagement einführen, durch Prämien oder einen Bonus fördern. Bislang gibt es (noch) keine verbindlichen oder einheitlichen Vergabekriterien. Sobald Sie das Fundament für ein betriebliches Eingliederungsmanagement gelegt haben (zum Beispiel so wie es in diesem Buch vorgeschlagen ist), dann halten wir den Zeitpunkt für die Antragsstellung für angemessen.

Förderinstrumente bei gesundheitlich eingeschränkten Mitarbeitern
(Hier nur ein Überblick, detaillierte Informationen erhalten Sie bei den Rehabilitationsträgern oder bei der Reha-Servicestelle)

■ **Stufenweise Wiedereingliederung**

Beispiel: Nach einem Bandscheibenvorfall wird ein Mitarbeiter schrittweise an die volle Beschäftigung herangeführt, der Rehabilitationsträger übernimmt den Lohnersatz.

Die Bundesarbeitsgemeinschaft für Rehabilitation hat für die stufenweise Wiedereingliederung einen praxisnahen Leitfaden mit Handlungsanleitungen veröffentlicht. Die Arbeitshilfe dient der Orientierung und ist ein Nachschlagewerk. Ferner werden Hinweise zu Einleitung und Durchführung einer schrittweisen Arbeitsaufnahme gegeben, die durch einige Fallbeispiele illustriert werden. Download unter http://www.bar-frankfurt.de → Publikationen → Arbeitshilfen

■ **Hilfsmittel** (zum Beispiel Hörgerät, Gehhilfe),

■ **Technische Hilfsmittel** (zum Beispiel ergonomischer Stuhl, einfacher höhenverstellbarer Schreibtisch),

■ **Beratung zur behindertengerechten Gestaltung von Arbeitsplätzen und -bedingungen,**

■ **Beratung zur betrieblichen Aus- und Weiterbildung,**

- **Förderung der beruflichen Weiterbildung** (zum Beispiel Software-Schulung, Weiterbildung zum Datenschutzbeauftragten),
- **Unterstützung bei der Antragstellung.**

Spezielle Förderinstrumente bei schwerbehinderten oder gleichgestellten Mitarbeitern

Zu diesem Thema gibt es eine sehr informative Broschüre des Bundesministeriums für Arbeit und Soziales mit dem Titel „Leistungen an Arbeitgeber, die behinderte oder schwerbehinderte Menschen ausbilden oder beschäftigen". Sie finden Förderinstrumente zur Ausbildung und zur Beschäftigung von behinderten und schwerbehinderten Menschen (zum Beispiel behindertengerechte Einrichtung von Arbeitsplätzen) sowie zur Einführung eines betrieblichen Eingliederungsmanagements. Download unter http://www.bmas.bund.de/BMAS/Redaktion/Pdf/Leistungen-an-Arbeitgeber-die-790

■ **Information: Weiterführende Praxishilfen und Literatur**

Weitere Praxishilfen zum BEM für kleine und mittlere Unternehmen

■ IQPR: Im Rahmen des Projektes „Entwicklung und Integration eines betrieblichen Eingliederungsmanagements (EIBE)" wurde ein Manual entwickelt, bestehend aus Praxishilfen, Datenschutzkonzept und Musterbetriebsvereinbarung. Download unter http://www.eibe-projekt.de

Weitere Praxishilfen zum BEM insbesondere für größere Unternehmen

■ Integrationsämter des Landschaftsverband Rheinland und Westfalen-Lippe: Handlungsempfehlungen zum betrieblichen Eingliederungsmanagement. Die 56 Seiten umfassende Broschüre erläutert die Grundlagen des Betrieblichen Eingliederungsmanagements, das Vorgehen im Einzelfall, gibt Hinweise zum Datenschutz und stellt mögliche Phasen und Schritte einer systematischen Einführung als Projekt vor. Download unter http://www.lvr.de → Soziales → Service → Publikationen

■ IG Metall: Handlungshilfe des Projekts „Gute Arbeit": Eingliedern statt kündigen. Gesundheit und demografischer Wandel im Betrieb. Die Arbeitshilfe enthält ein differenziertes und erprobtes Instrumentarium zur Organisations- und Teamentwicklung sowie zur Qualitätssicherung des Eingliederungsmanagements. Download unter http://www.igmetall.de → Themen → Arbeit und Gesundheit → Projekt „Gute Arbeit" → Material

■ IG Metall, Vereinte Dienstleistungsgewerkschaft e.V. und ISO – Institut für Sozialforschung und Sozialwirtschaft e.V.: Prävention und Eingliederungsmanagement, Download unter http://www.teilhabepraxis.de Dazu Titel in der Suchfunktion eingeben.

■ Mustervorlagen für eine Betriebsvereinbarung, download unter http://www.iqpr.de → Diskussionsforum B sowie unter http://teilhabepraxis.de

Unterstützung für Arbeitgeber und betroffene Mitarbeiter

■ Gemeinsame Servicestellen der Rehabilitationsträger Antworten auf alle Fragen der Rehabilitation und zum betrieblichen Eingliederungsmanagement, bundesweit in jedem Landkreis/jeder kreisfreien

Stadt. Die für Sie zuständige Servicestelle finden Sie unter
http://www.reha-servicestellen.de

- **Leistungen zur Teilhabe**
  Wenn sich die Perspektive eines Mitarbeiters zwischen Arbeit, Krankheit,
  Rehabilitation und Rente bewegt, stehen Ihnen als Arbeitgeber und dem
  betroffenen Mitarbeiter gesetzliche Leistungen zu, dafür zahlen Sie jeden
  Monat Beiträge. Ein umfassender Überblick unter http://www.bar-frankfurt.
  de → Publikationen → Wegweiser

Juristische Fragestellungen zum betrieblichen Eingliederungsmanagement

- In einem Diskussionsforum zum Thema „Schwerbehindertenrecht und Fragen des betrieblichen Gesundheitsmanagements" finden Sie Informationen
  zu juristischen Fragestellungen unter anderem zum betrieblichen Eingliederungsmanagement und zur krankheitsbedingten Kündigung. Ausgewählte
  Beiträge sind auf der beiliegenden CD-ROM abgelegt. http://www.iqpr.de
  → Diskussionsforum B

Praxishilfen „Arbeit und Gesundheit"

- Gefährdungsbeurteilungen speziell für kleine Unternehmen
  Es gibt ein sehr gutes Internetportal für Kleinunternehmen, die etwas für
  Gesundheit und Sicherheit bei der Arbeit tun wollen. Sie finden dazu eine
  speziell an die Situation kleiner Unternehmen angepasste Gefährdungsbeurteilung, die kostenlos, leicht verständlich und (trotzdem) rechtssicher im
  Sinne des Arbeitsschutzgesetzes ist. Die Informationen und Handlungshil-
  fen sind auf betriebliches „Selbermachen" ausgelegt.
  http://www.pragmagus.de

- **Experten antworten auf Ihre Fragen**
  Schnelle Antworten, praxiserprobte Lösungen, einfache Recherche für
  jedermann. Das ermöglicht KomNet im Bereich „Arbeit & Gesundheit".
  Denn hier können Sie kostenfrei und komfortabel das Fachwissen und die
  Erfahrung von ausgewiesenen Experten nutzen. Auch telefonisch können
  Sie die Services von KomNet nutzen. Einfach 0180 3 100 110 wählen
  (9 Cent pro Minute aus dem Festnetz der Deutschen Telekom).
  http://www.komnet.nrw.de

Auswahl zu weiterführenden Quellen

- Hetzel C., Flach T., Weber A., Schian H.-M.: Zur Problematik der Implementierung des betrieblichen Eingliederungsmanagements in kleinen und mittleren Unternehmen. Das Gesundheitswesen, Heftnummer 68, 2006, S. 303-308.

- Bundesarbeitsgemeinschaft der Integrationsämter und Hauptfürsorgestellen (BIH): Betriebliches Eingliederungsmanagement – Mehr Prävention wagen! ZB 3, 2006.

- Hauptverband der gewerblichen Berufsgenossenschaften (Hrsg.): Schwerpunktheft zum betrieblichen Eingliederungsmanagement. Die BG 11, 2006.

- Mehrhoff F. (Hrsg).: Disability Management. Ein Kursbuch für Unternehmer, Behinderte, Versicherer und Leistungserbringer. Strategien zur Integration von behinderten Menschen in das Arbeitsleben. Stuttgart: Gentner Verlag, 2004.

- Pfaff H., Krause H., Kaiser C.: Gesund geredet? Praxis, Probleme und Potenziale von Krankenrückkehrgesprächen. Berlin: Edition sigma, 2003.

- http://www.iga-info.de → Betriebliche Eingliederung

Gastbeitrag

6 Teamarbeit für die Prävention – Integrationsämter unterstützen Betriebe bei der Einführung des betrieblichen Eingliederungsmanagements

Helga Seel

Dr. Helga Seel ist Leiterin des Integrationsamtes beim Landschaftsverband Rheinland und Mitglied des Vorstandes der Bundesarbeitsgemeinschaft der Integrationsämter und Hauptfürsorgestellen (BIH).

Die Integrationsämter sind zuständig für den Personenkreis der schwerbehinderten und der gleichgestellten behinderten Menschen. Das betriebliche Eingliederungsmanagement (BEM) richtet sich an alle Beschäftigten eines Betriebes – eine Differenzierung zwischen einem BEM für behinderte Menschen und einem BEM für nicht behinderte Menschen gibt es nicht.
Wichtig für die Betriebe bei der Umsetzung des BEM ist, dass sie neben den Rehabilitationsträgern auch von den Integrationsämtern unterstützt werden, und dass diese im Einzelfall dann wichtige Partner für sie sind, wenn der betroffene Mitarbeiter oder die betroffene Mitarbeiterin schwerbehindert oder gleichgestellt ist.

Vor diesem Hintergrund haben die Integrationsämter die Einführung des BEM von Anfang an begleitet und privaten wie öffentlichen Arbeitgebern ihre Unterstützung angeboten. Diese Unterstützung erfolgt in Form von Beratung bei der Einführung des BEM. So haben zum Beispiel die Integrationsämter der Landschaftsverbände Rheinland und Westfalen-Lippe „Handlungsempfehlungen zum Betrieblichen Eingliederungsmanagement" herausgegeben, die als Hilfestellung gerade für kleine und mittelständische Unternehmen (KMU) gedacht sind.

Genauso wenig wie die Unternehmen haben die Integrationsämter ein fertiges und allgemein gültiges Konzept für ein BEM. Aus unserer Sicht ist entscheidend, einen für den einzelnen Betrieb geeigneten und im Betrieb akzeptierten Weg zu beschreiten, um die Ziele des BEM spürbar zu erreichen. Dafür sind gegenseitiges Zutrauen, Flexibilität und Verlässlichkeit, der Mut zu starten und die Bereitschaft zu lernen, zielführender als das Bemühen, sich im Vorfeld der Einführung des BEM auf alle möglichen Konstellationen und Fragestellungen vorzubereiten.

Inzwischen liegen ausreichend Erfahrungen mit dem BEM vor – das sind zum einen positive Ansätze, die als Beispiele für andere Betriebe dienen können, das sind zum anderen aber auch eine Sammlung von Fragen und Hürden, vor denen sich Betriebe, die ein BEM einführen wollen, stehen sehen. Die nachfolgenden Ausführungen geben die Überlegungen der Integrationsämter für die Durchführung eines BEM in Betrieben wieder, in die die bisherigen Erfahrungen einfließen.

Grundlagen des BEM

Alle Arbeitgeber – alle Beschäftigten

Die Durchführung des BEM richtet sich als Verpflichtung an den Arbeitgeber. Grundsätzlich sind alle Arbeitgeber – private wie öffentliche – verpflichtet, bei gegebenen Voraussetzungen ein BEM mit ihrem Beschäftigten durchzuführen. Dabei differenziert die Vorschrift nicht nach der Größe des Betriebes.
Die lange diskutierte Streitfrage, dass das BEM nur die schwerbehinderten und die gleichgestellten behinderten Menschen betrifft, ist inzwischen doch mehrheitlich beigelegt: BEM gilt für alle Beschäftigten, die innerhalb eines Zeitraumes von zwölf Monaten länger als sechs Wochen ununterbrochen

oder wiederholt arbeitsunfähig waren. Die Vorschrift findet Anwendung auf alle Mitarbeiterinnen und Mitarbeiter, die in einem Beschäftigungsverhältnis stehen, also auch auf Teilzeitarbeitskräfte unabhängig von der wöchentlichen Stundenzahl.

Krankheitsursache

In Bezug auf die Arbeitsunfähigkeit des Beschäftigten ist es unerheblich, welche Krankheitsursache zu der Arbeitsunfähigkeit geführt hat. Für die Frage, ob alle Arbeitsunfähigkeitszeiten oder nur Arbeitsunfähigkeitszeiten wegen gleichartiger Erkrankungen im Sinne des Entgeltfortzahlungsgesetzes oder nur tätigkeits- oder arbeitsplatzbezogene Erkrankungen von der Regelung erfasst sind, gilt: Ohne Rücksicht auf ihre Ursache sind grundsätzlich alle Arbeitsunfähigkeitszeiten maßgeblich. So kann bei einer wiederholten Arbeitsunfähigkeit entweder immer wieder die gleiche Krankheitsursache vorliegen, es können aber auch unterschiedliche Krankheiten der Grund für die Arbeitsunfähigkeit sein. Berücksichtigt werden auch Arbeitsunfähigkeitszeiten wegen einer Kur oder einer Reha-Maßnahme. Entscheidend ist allein die zeitliche Komponente, also insgesamt sechs Wochen Arbeitsunfähigkeit.

Ziel des betrieblichen Eingliederungsmanagements ist es, die Arbeitsunfähigkeit zu überwinden, weiterer Arbeitsunfähigkeit vorzubeugen und den Arbeitsplatz zu erhalten. Deshalb ist für diese Zielstellung nicht nur die betriebliche Belastungssituation des/der Beschäftigten von Bedeutung, sondern auch seine gesundheitliche Gesamtsituation.

Berechnung der sechs Wochen

Als Grundlage für die Berechnung der Arbeitsunfähigkeitszeiten des/der Beschäftigten gilt nicht das jeweilige Kalenderjahr, sondern die letzten zwölf Monate seit Beendigung der letzten Arbeitsunfähigkeit.

Vor dem Hintergrund, dass die Regelung den Zweck verfolgt, frühzeitig auf gesundheitliche Beeinträchtigungen des/der Beschäftigten zu reagieren, kommt es bei der Berechnung des Sechs-Wochen-Zeitraumes nicht auf die Abwesenheit von der Arbeit, sondern auf die Dauer der gesundheitlichen Beeinträchtigung an. Deshalb sind auch die arbeitsfreien Tage, die in den Zeitraum der Arbeitsunfähigkeit fallen, mit zu zählen. Zu unterscheiden ist schließlich zwischen der Erkrankung, die sechs Wochen ununterbrochen besteht und den Arbeitsunfähigkeitszeiten, die durch mehrere Erkrankungen zustande kommen und in der Summe sechs Wochen ergeben. Im ersteren Fall ist die Voraussetzung erfüllt, wenn 42 Tage Arbeitsunfähigkeit vorliegen. Im zweiten Fall ist abzustellen auf die Zahl der Arbeitstage. Die Frist ist dann zu berechnen auf der Basis der üblichen Arbeitswoche. Dies bedeutet, dass bei einer Fünf-Tage-Woche die Voraussetzungen für die Durchführung eines betrieblichen Eingliederungsmanagements bei 30 Tagen Arbeitsunfähigkeit, bei einer Sechs-Tage-Woche die Voraussetzungen bei 36 Tagen Arbeitsunfähigkeit erfüllt sind.

Zustimmung der betroffenen Beschäftigten

Das BEM richtet sich in seiner Zielstellung nicht gegen die Beschäftigten. Damit dies von den Beschäftigten auch so wahrgenommen und von ihnen auch angenommen wird, ist eine weitere Voraussetzung für die Durchführung des BEM die Zustimmung des betroffenen Mitarbeiters/der betroffenen Mitarbeiterin. Die Maßnahmen zur Beendigung der Arbeitsunfähigkeit und zur Vorbeugung weiterer Arbeitsunfähigkeit erfolgen nur mit Zustimmung des betroffenen Beschäftigten. Dies bedeutet, dass das BEM in jeder Phase abgebrochen werden kann, wenn der betroffene Beschäftigte seine Zustimmung verweigert. Aus Gründen des Persönlichkeitsschutzes muss die Zustimmung vor Einschalten der Interessenvertretung beziehungsweise der Schwerbehindertenvertretung erfolgen. Schaltet der Arbeitgeber ohne vorherige Zustimmung des Betroffenen die Interessenvertretung ein, kann er sich schadenersatzpflichtig machen.

Die Möglichkeit, die Zustimmung zu verweigern, steht in der Verantwortung des Betroffenen. Denn verweigert der betroffene Beschäftigte die Zustimmung zur Durchführung eines BEM, so verzichtet er je nach Ausgangssituation auf Hilfeangebote. Im Falle einer tatsächlichen Gefährdung des Arbeitsplatzes, wären die Nachteile der fehlenden Mitwirkung vom Beschäftigten zu tragen.

Umsetzung des betrieblichen Eingliederungsmanagements

Die Vorschrift geht zunächst vom Einzelfall aus: Die gesetzliche Verpflichtung, ein BEM durchzuführen, zielt darauf ab, durch geeignete Maßnahmen das Arbeitsverhältnis im Einzelfall möglichst dauerhaft zu sichern. Darüber hinaus geht es aber auch um einen einzelfallübergreifenden Ansatz im Sinne einer Gesundheitsförderung. Denn Zielgrößen des BEM sind Gesundheit, Leistungsfähigkeit, Belastbarkeit, Motivation, Zufriedenheit der Belegschaft. Betrieben, die darauf Wert legen, kommen die positiven Auswirkungen eines BEM umgehend zugute. Unabhängig vom Einzelfall ist deshalb zu empfehlen, ein gemeinsam im Betrieb systematisches Vorgehen, ein System mit strukturierten Abläufen zu vereinbaren, das allen Beteiligten hilft, ihren Beitrag zur Umsetzung des BEM zu leisten und im Einzelfall erfolgreich zu handeln.

Entscheidend für die betriebliche und rechtliche Handhabung ist eine flexible, praxisnahe und am Sinn und Zweck der Prävention orientierte Anwendung der Vorschrift. Für KMU ist es wichtig, ein Konzept zu erarbeiten, das zu den Gegebenheiten im Betrieb passt, das seinen Zweck erfüllt, den Betrieb aber auch nicht überfordert.

Betriebliches Eingliederungsmanagement im Einzelfall

Am BEM sind je nach Betriebsgröße mehrere Personen oder Stellen innerhalb und außerhalb des Betriebs beteiligt. Innerhalb des Betriebes sind dies der Arbeitgeber, der Beschäftigte selbst, der Betriebs-/Personalrat, bei schwerbehinderten Beschäftigten die Schwerbehindertenvertretung sowie im Bedarfsfall der Werksarzt oder der Betriebsarzt. Als externe Partner kommen der zuständige Rehabilitationsträger sowie bei schwerbehinderten Menschen das Integrationsamt in Frage.

Der Arbeitgeber

Der Arbeitgeber hat zunächst die Aufgabe, die Voraussetzungen, die im Einzelfall ein BEM auslösen, nachzuhalten. Das heißt, er muss prüfen, bei welchem Beschäftigten innerhalb der letzten zwölf Monate Arbeitsunfähigkeitszeiten von sechs Wochen vorliegen. Sind die Voraussetzungen erfüllt, so erfolgt eine erste Kontaktaufnahme mit dem Beschäftigten. Bei dieser ersten Kontaktaufnahme ist der Arbeitgeber auch verpflichtet, den Betroffenen oder seinen gesetzlichen Vertreter auf die Ziele sowie auf die Art und den Umfang der hierfür erhobenen und verwendeten Daten hinzuweisen.

In größeren Betrieben kann der Arbeitgeber die Aufgabe delegieren und einen Vertreter bestimmen. Dies kann der Vorgesetzte des Betroffenen sein oder ein Vertreter der Personalabteilung. Ist der Beschäftigte schwerbehindert oder gleichgestellt, kann der Arbeitgeber auch seinen Beauftragten des Arbeitgebers für Schwerbehindertenangelegenheiten beauftragen. Wichtig ist, dass die Person, die die Aufgabe wahrnimmt, Entscheidungsbefugnisse hat oder zumindest in der Lage ist, schnell Entscheidungen des Arbeitgebers herbeizuführen. Auch wenn der Arbeitgeber bei der Durchführung der weiteren Verfahrensschritte Aufgaben delegiert, bleibt er für den weiteren Ablauf des Prozesses (letzt-)verantwortlich.

Der Zeitpunkt des Tätigwerdens des Arbeitgebers ist nicht geknüpft an die Rückkehr des betroffenen Mitarbeiters in den Betrieb, sondern an die Sechs-Wochen-Frist. Dies bedeutet, dass eine Kontaktaufnahme zum Beschäftigten grundsätzlich auch während der Phase der Arbeitsunfähigkeit zu erfolgen hat, wenn die vorgegebene zeitliche Frist erfüllt ist. Darin unterscheidet sich das BEM vom Krankenrückkehrgespräch.

Das weitere Vorgehen nach der Kontaktaufnahme ist dann abhängig von der konkreten Erkrankung und der Abstimmung zwischen dem Arbeitgeber und dem Mitarbeiter/der Mitarbeiterin.

Der/die betroffene Beschäftigte

Eine zentrale Rolle innerhalb des BEM hat der Betroffene selbst. Alle Maßnahmen zur Überwindung oder Verringerung seiner Arbeitsunfähigkeitszeiten kann es nur mit seiner Zustimmung geben. Das heißt, er muss der Einleitung des Verfahrens zustimmen und ist am gesamten weiteren Prozess zu beteiligen.

Dies geschieht entweder durch seine Einbeziehung in die einzelnen Schritte, zum Beispiel die Durchführung einer ärztlichen Untersuchung oder eine Arbeitsplatzbegehung durch den Beratenden Ingenieur des Integrationsamtes. Wenn eine aktive Mitwirkung nicht erforderlich ist, erfolgt eine regelmäßige Unterrichtung über den Stand der Angelegenheit durch den Arbeitgeber, der damit einen am Verfahren Beteiligten beauftragen kann.

Wie bereits erwähnt, ist das BEM eine Maßnahme zugunsten des Beschäftigten. Es geht um die Überwindung beziehungsweise die Vorbeugung von Arbeitsunfähigkeit und um die Sicherung seines Arbeitsplatzes. Daher treffen ihn/sie Mitwirkungspflichten. Die Pflicht besteht etwa darin, Auskünfte zu erteilen, zum Beispiel über die Art der die Arbeitsunfähigkeit auslösenden Krankheit, über besondere Belastungen am Arbeitsplatz, Name und Anschrift der behandelnden Ärzte. Wo er selbst nicht in der Lage ist, die erforderliche Auskunft zu erteilen, besteht die Mitwirkungspflicht darin, der Auskunftserteilung durch Dritte zuzustimmen, zum Beispiel der Schweigepflichtentbindung für den behandelnden Arzt oder die Krankenkasse wegen der Bekanntgabe der Krankheitsdiagnosen, die den Arbeitsunfähigkeitszeiten zugrunde liegen. Auch ärztliche Untersuchungen zum Beispiel durch den Betriebsarzt zur Feststellung eines Bedarfs an medizinischer Rehabilitation werden von der Mitwirkungspflicht erfasst.

Die Mitwirkungspflicht löst bei vielen betroffenen Beschäftigten Verunsicherung aus. Dabei geht es auch um die Frage: Was muss ich mitteilen? Muss ich meine komplette Krankengeschichte offenbaren? Dabei gilt: Daten wie Krankheitsdiagnosen und die Art der Behinderung müssen nur insoweit offenbart werden, wie sie für die Art der Sachverhaltsermittlung im jeweiligen BEM-Verfahren von Bedeutung sind. Umgekehrt ist die Benennung von für den Prozess relevanten Gesundheits- und Behinderungsdaten zwingende Voraussetzung für ein zielgerichtetes betriebliches Eingliederungsmanagement. Ohne Kenntnis der Krankheiten kann der von der Vorschrift in die Pflicht genommene Arbeitgeber kaum sachgerechte Maßnahmen zur Abhilfe prüfen und durchführen. Im Vordergrund steht dabei die Frage, ob betriebliche Faktoren ursächlich oder zumindest mitursächlich für die Arbeitsunfähigkeitszeiten sind. Ist ein solcher Zusammenhang offensichtlich ausgeschlossen, entfällt die Offenbarung der Krankheitsdiagnose. In einem solchen Fall endet das Verfahren des BEM bereits nach dem Erstkontakt.

Erteilt der Beschäftigte seine Zustimmung zur Einleitung des BEM nicht oder bricht er das Verfahren ab, indem er seine Zustimmung zurückzieht beziehungsweise sich im weiteren Ablauf des Prozesses nicht mehr an den erforderlichen Maßnahmen beteiligt, so endet das BEM an dieser Stelle. In einem solchen Fall ist der Arbeitgeber nicht mehr zu einer Durchführung von Maßnahmen im Rahmen des betrieblichen Eingliederungsmanagements verpflichtet. Für den betroffenen Beschäftigten hat die Ablehnung keine unmittelbaren Folgen. Allerdings liegt das Risiko, wenn bestimmte Maßnahmen nicht mehr umgesetzt werden oder der Arbeitgeber insbesondere nach Ausspruch einer krankheitsbedingten Kündigung kein Interesse mehr an der Durchführung eines betrieblichen Eingliederungsmanagements hat, dann beim betroffenen Beschäftigten. Er kann sich nach Ausspruch einer krankheitsbedingten Kündigung in einem möglichen Verfahren vor dem Arbeitsgericht nicht mehr darauf berufen, dass ein BEM für ihn nicht stattgefunden hat.

Datenschutz

Die Preisgabe der äußerst sensiblen gesundheitlichen Daten beziehungsweise der Daten über Behinderungen und deren Folgen kann Beschäftigten nur dann zugemutet werden, wenn der Schutz dieser personenbezogenen Daten während des gesamten Verfahrens des BEM gewährleistet ist. Das bedeutet, dass sensible Daten wie Krankheitsdiagnosen und die Art der Behinderung nur dann und insoweit offenbart werden müssen, wie sie für die Sachverhaltsermittlung in dem jeweiligen BEM-Verfahren von Bedeutung sind. Ferner ist die Zahl derjenigen, die von diesen hochsensiblen Daten Kenntnis erlangen, auf das unumgänglich Notwendige zu beschränken.

Die Einhaltung der Datenschutzbestimmungen durch den Arbeitgeber und alle übrigen Beteiligten des Prozesses ist deshalb von ausschlaggebender Bedeutung für die vertrauensvolle Mitwirkung der Beschäftigten beim BEM und für die Gewissheit der Beschäftigten, dass das Verfahren tatsächlich in ihrem Interesse und nicht zur Vorbereitung einer Kündigung durchgeführt wird.

Betriebsrat und Schwerbehindertenvertretung

Je nach Betriebsgröße gibt es im Betrieb einen Betriebsrat und zusätzlich bei mindestens fünf schwerbehinderten Beschäftigten eine Schwerbehindertenvertretung. Sie sind weitere Beteiligte am Prozess eines BEM und dürfen von sich aus die Einleitung eines BEM beim Arbeitgeber anstoßen. Die Beschäftigtenvertretungen bringen eigene Vorschläge ein, sie unterstützen den einzelnen Beschäftigten im Rahmen ihrer Aufgabenstellung nach dem Betriebsverfassungsrecht und dem Schwerbehindertenrecht. Im Einvernehmen mit dem Arbeitgeber kann ein Mitglied des Betriebsrates oder die Schwerbehindertenvertretung Teilaufgaben des Prozesses übernehmen.

In Bezug auf die Frage, ob der Arbeitgeber den Betriebsrat oder die Schwerbehindertenvertretung vor der Zustimmung des betroffenen Beschäftigten informieren darf, ist auf deren Überwachungspflichten hinzuweisen. Der Betriebsrat und die Schwerbehindertenvertretung haben darüber zu wachen, dass der Arbeitgeber der ihm obliegenden Verpflichtung zur Durchführung eines BEM nachkommt. Die Erfüllung dieser Überwachungspflichten ist dem Betriebsrat und der Schwerbehindertenvertretung nur möglich, wenn sie zumindest die Information darüber haben, bei welchem Beschäftigten/welcher Beschäftigten Arbeitsunfähigkeitszeiten von sechs Wochen in den letzten zwölf Monaten vorliegen. Diese Information darf der Arbeitgeber auch ohne Einverständnis des Betroffenen weitergeben.

Integrationsteam

Im Betrieb kann auch ein Integrationsteam gebildet werden, das aus einem Mitglied des Betriebsrates, der Schwerbehindertenvertretung sowie weiteren innerbetrieblichen Akteuren wie dem Betriebsarzt und der Fachkraft für Arbeitssicherheit besteht beziehungsweise bestehen kann. Diesem Integrationsteam kann der Arbeitgeber, nachdem er den Erstkontakt zu dem betroffenen

Beschäftigten hergestellt und dessen Zustimmung zum BEM-Verfahren eingeholt hat, die weitere Durchführung des BEM übertragen. Wichtig ist in diesem
Zusammenhang, dass die gemeinsam vom Beschäftigten, dem Arbeitgeber oder
seinem Vertreter und dem Betriebs-/Personalratsmitglied im Rahmen eines
BEM-Verfahrens getroffenen Absprachen danach auch gemeinsam getragen und
umgesetzt werden. Denn das betriebliche Eingliederungsmanagement ist als
Kooperationsprozess angelegt, für dessen Gelingen wechselseitiges Vertrauen
und Verlässlichkeit Grundvoraussetzungen sind.

Aufgaben und Rechte der Interessenvertretung

Weitere Beteiligte am Prozess sind der Betriebs-/Personalrat und bei schwerbehinderten Menschen die Schwerbehindertenvertretung. Sie dürfen von sich aus
die Einleitung eines betrieblichen Eingliederungsmanagement beim Arbeitgeber anstoßen. Die Beschäftigtenvertretungen bringen eigene Vorschläge ein, sie
unterstützen den einzelnen Beschäftigten im Rahmen ihrer Aufgabenstellung
nach dem Betriebsverfassungsrecht und dem Schwerbehindertenrecht. Im
Einvernehmen mit dem Arbeitgeber kann ein Mitglied des Betriebsrates oder
die Schwerbehindertenvertretung Teilaufgaben des Prozesses übernehmen.
Beteiligungsansprüche der Interessenvertretung scheiden allerdings dann aus,
wenn der Beschäftigte der Durchführung eines betrieblichen Eingliederungsmanagements nicht zustimmt oder er diesem zwar zustimmt, eine Beteiligung
der Interessenvertretung aber ablehnt.

Die Vorschrift zum BEM beinhaltet auch weitere Rechte und Pflichten der
Interessenvertretungen:

Überwachungspflichten

Bezüglich der Frage, ob der Arbeitgeber den Betriebsrat oder die Schwerbehindertenvertretung vor der Zustimmung des betroffenen Beschäftigten informieren darf, ist auf deren Überwachungspflichten hinzuweisen. Betriebsrat und
Schwerbehindertenvertretung haben darüber zu wachen, dass der Arbeitgeber
der ihm obliegenden Verpflichtung zur Durchführung eines betrieblichen
Eingliederungsmanagements nachkommt. Die Erfüllung der Überwachungs-

pflichten ist dem Betriebsrat und der Schwerbehindertenvertretung nur möglich, wenn sie zumindest die Information darüber haben, bei welchem/welcher Beschäftigten Arbeitsunfähigkeitszeiten von sechs Wochen in den letzten zwölf Monaten vorliegen.

Diese Information darf der Arbeitgeber auch ohne Einverständnis des/der Betroffenen weitergeben.

Beteiligungsrechte

In Bezug auf die Beteiligungsrechte der Interessenvertretung enthält die Vorschrift zum BEM folgende Regelungen:

Zum einen soll der Arbeitgeber mit der zuständigen Interessenvertretung, bei schwerbehinderten Menschen außerdem mit der Schwerbehindertenvertretung, mit Zustimmung und Beteiligung der betroffenen Person die Möglichkeiten klären, wie die Arbeitsunfähigkeit möglichst überwunden, und mit welchen Leistungen oder Hilfen erneuter Arbeitsunfähigkeit vorgebeugt und der Arbeitsplatz erhalten werden kann. Außerdem kann die zuständige Interessenvertretung und bei schwerbehinderten Menschen außerdem die Schwerbehindertenvertretung „die Klärung verlangen". Und drittens – wie bereits erwähnt – ist die Pflicht ausgeführt, darüber zu wachen, „dass der Arbeitgeber die ihm obliegenden Verpflichtungen erfüllt". Diese Beteiligungsrechte beziehen sich auf den konkreten Einzelfall, wenn also „die betroffene Person" innerhalb eines Jahres länger als sechs Wochen ununterbrochen oder wiederholt arbeitsunfähig ist und die Zustimmung zur Beteiligung vorliegt.

Klärungsrecht

Das Klärungsrecht der Interessenvertretung beinhaltet die Klärung im Sinne von Unterrichtung durch den Arbeitgeber. Dies bedeutet, dass die Interessenvertretung das Recht hat, den Klärungsprozess in Gang zu setzen und eine Unterrichtung dahingehend zu verlangen, ob Maßnahmen des BEM im konkreten Einzelfall durchgeführt wurden. Dieses Klärungsrecht beinhaltet nicht ein generelles Recht der Interessenvertretung in allen Phasen des BEM beteiligt zu werden. Ebenso wenig kann die Interessenvertretung dem Arbeitgeber Inhalt,

Zweck, Zeitpunkt oder Art und Weise der Durchführung des betrieblichen Eingliederungsmanagements vorgeben.

Der Betriebs-/Werksarzt

Bei der Umsetzung des betrieblichen Eingliederungsmanagements kommt dem Betriebs-/Werksarzt eine wichtige Rolle zu. Nach § 3 Abs. 1 des Gesetzes über Betriebsärzte, Sicherheitsingenieure und andere Fachkräfte für Arbeitssicherheit (ASiG) hat der Betriebsarzt unter anderem folgende Aufgaben:

- die Arbeitnehmer zu untersuchen, arbeitsmedizinisch zu beurteilen und zu beraten sowie die Untersuchungsergebnisse zu erfassen und auszuwerten,
- Ursachen von arbeitsbedingten Erkrankungen zu untersuchen, die Untersuchungsergebnisse zu erfassen und auszuwerten und dem Arbeitgeber Maßnahmen zur Verhütung dieser Erkrankungen vorzuschlagen,
- arbeitsphysiologischen, arbeitspsychologischen und sonstigen ergonomischen sowie arbeitshygienischen Fragen (z.B. zum Arbeitsrhythmus, zur Arbeitszeit und zur Gestaltung der Arbeitsplätze und des Arbeitsablaufs sowie der Arbeitsumgebung) nachzugehen,
- insgesamt die Arbeitsbedingungen zu beurteilen sowie
- auch Fragen des Arbeitsplatzwechsels sowie der Eingliederung und Wiedereingliederung behinderter Beschäftigter in den Arbeitsprozess zu klären.

Die Aufgabe des Betriebsarztes besteht ausdrücklich nicht darin, Krankmeldungen der Arbeitnehmer auf ihre Berechtigung hin zu überprüfen. Vielmehr ist der Betriebsarzt zur strikten Beachtung der Regeln der ärztlichen Schweigepflicht gegenüber dem Arbeitgeber, den Interessenvertretungen, der Schwerbehindertenvertretung und allen übrigen Dritten verpflichtet. Er ist nur seinem ärztlichen Gewissen unterworfen. In der Anwendung seiner arbeitsmedizinischen Fachkunde ist der Betriebsarzt weisungsfrei. Gerade, weil der Betriebsarzt den Umgang mit sensiblen Krankheitsdaten gewohnt ist, eignet er sich als Moderator im Prozess des BEM gut. Fehlt insbesondere in Klein- oder Mittelbetrieben eine Beschäftigtenvertretung oder kommt es nicht zur Bildung eines Integrationsteams, so hat der Arbeitgeber zum Beispiel die Möglichkeit, den Betriebsarzt mit der Durchführung der einzelnen BEM-Verfahren zu beauftragen.

Der betroffene Beschäftigte hat die Möglichkeit, der Durchführung des betrieblichen Eingliederungsmanagements zwar zuzustimmen, die Beteiligung des Betriebsarztes/des betriebsärztlichen Dienstes aber abzulehnen. Wenn allerdings das berechtigte Interesse des Arbeitgebers, diesen hinzuzuziehen, überwiegt, kann der Arbeitgeber auf dessen Beteiligung bestehen. In Bezug auf die Einschaltung des Amtsarztes im öffentlichen Dienst gelten die hierfür bestehenden Vorschriften. Unter Beachtung dieser Vorschriften kann die betroffene Person auch gegen ihren Willen zum Amtsarzt geschickt werden.

Die im Verfahren des BEM erhobenen medizinischen Daten verbleiben beim Betriebsarzt beziehungsweise den beteiligten Ärzten oder bei der vom Betrieb/der Dienststelle mit der Durchführung des BEM beauftragten Einzelperson oder dem Integrationsteam. In der Personalakte soll lediglich vermerkt werden, dass ein betriebliches Eingliederungsmanagement durchgeführt wurde, und welche Maßnahmen zur Abhilfe eingesetzt wurden. Auch, wenn der Beschäftigte der Durchführung eines BEM nicht zustimmt und den Prozess abbricht, sollte ein Hinweis darauf in der Personalakte ausreichen.

Partner außerhalb des Betriebes

Der Schwerpunkt der Umsetzung der Vorschrift liegt auf einer innerbetrieblichen Lösung. Unterstützung kann sich der Betrieb bei externen Partnern beschaffen.

Externe Beteiligte und Ansprechpartner für Rehabilitationsleistungen zur Teilhabe am Arbeitsleben und für Leistungen zur begleitenden Hilfe im Arbeitsleben sind Krankenkasse, Rentenversicherung, Agentur für Arbeit, Unfallversicherung sowie die Integrationsämter. Diese externen Beteiligten sollen ihre Leistungen zur Erhaltung der Erwerbsfähigkeit, zur ergonomischen Arbeitsplatzgestaltung, zur beruflichen Qualifizierung und zur Gewährleistung des Unfallschutzes und der Arbeitssicherheit in den Prozess einbringen. Eine Mitwirkung externer Stellen ist nicht zwingend erforderlich. Ihre Beteiligung empfiehlt sich in jedem Falle dann, wenn die Sachverhaltsermittlung und die Gespräche während des innerbetrieblich durchgeführten einzelnen Verfahrens konkret nahe legen, zu überprüfen, ob Maßnahmen zur Teilhabe am Arbeitsleben beziehungsweise zur begleitenden Hilfe im Arbeitsleben in Betracht kommen. Umgekehrt ist es Aufgabe der Rehabilitationsträger und der Integrationsämter, Arbeitgebern und Arbeitnehmern Beratung und Unterstützung anzubieten. Dazu gehört auch die Information über Leistungsvoraussetzungen, die Klärung des Bedarfs und die Klärung der Zuständigkeit im Einzelfall.

Die Erfahrungen zeigen aber, dass viele Betriebe die fachliche Beratung von externen Partnern nutzen und auf das angebotene Know-how gerne zurückgreifen.

Für die Frage, welcher externe Partner hinzugezogen wird, können dem Arbeitgeber folgende Anhaltspunkte dienen:

- Ist erkennbar, dass eine Arbeitsunfähigkeit auf eine Berufskrankheit zurückzuführen ist, kann die Einschaltung der Berufsgenossenschaft angezeigt sein.
- Wenn die Erwerbsfähigkeit des Arbeitnehmers endgültig infrage gestellt werden kann, ist zu empfehlen, den Rentenversicherungsträger einzubinden.
- In den meisten Fällen von Arbeitsunfähigkeit kommt regelmäßig die Krankenkasse als Ansprechpartner in Frage. Je nach Einzelfall kann über die zuständige Krankenkasse der medizinische Dienst der Krankenkassen angeregt werden. Dieser berät und begutachtet im Auftrag der Krankenkasse bei Arbeitsunfähigkeit.
- Handelt es sich bei dem betroffenen Arbeitnehmer um einen schwerbehinderten oder gleichgestellten behinderten Menschen empfiehlt sich die Einschaltung des Integrationsamtes.
- Im Einzelfall ist die Einschaltung eines Integrationsfachdienstes (IfD) sinnvoll. Diese Beratungsstellen werden im Auftrag des Integrationsamtes oder eines Rehabilitationsträgers tätig. Zu den Aufgaben der Integrationsfachdienste gehört auch, den Arbeitgeber über mögliche Leistungen zu informieren und diese Leistungen abzuklären.

Die externen Partner wie die Rehabiliationsträger, das Integrationsamt oder der Integrationsfachdienst gehören nicht zum Integrationsteam. Ihre Mitwirkung besteht darin, das Integrationsteam zu beraten, wenn es um die Anwendung von konkreten Hilfemöglichkeiten geht.

Aufgaben und Rollen der Beteiligten im Einzelfall

Arbeitgeber	Betriebliches Eingliederungsmanagement ist Aufgabe des Arbeitgebers. Er ist für die Einleitung und Durchführung verantwortlich, zugleich ist der Arbeitgeber „Herr des Verfahrens".
betroffene Mitarbeiterin/ betroffener Mitarbeiter	ist „zweiter Herr des Verfahrens". Ohne ihre/seine Bereitschaft kann betriebliches Eingliederungsmanagement nicht durchgeführt werden. Er/sie kann das betriebliche Eingliederungsmanagement jederzeit abbrechen. Allerdings ist seine/ihre Mitwirkung ausschlaggebend für die Feststellung, ob der Betrieb seine Pflichten für Prävention usw. erfüllt hat.
Betriebliche Interessenvertretung	Mitwirkungsrechte der betrieblichen Interessenvertretung sind durch das BEM nicht eingeschränkt. Die betriebliche Interessenvertretung wird vom Arbeitgeber im Rahmen des BEM eingeschaltet. Ihre Beteiligung kann nur durch den Mitarbeiter selbst abgelehnt werden.
Schwerbehindertenvertretung	Bei schwerbehinderten Mitarbeitern und Mitarbeiterinnen oder diesen Gleichgestellten wird vom Arbeitgeber die Schwerbehindertenvertretung verbindlich hinzugezogen.
Betriebsärztlicher Dienst	Zur Abklärung der gesundheitlichen Einschränkungen und der Leistungsfähigkeit des Mitarbeiters kann der betriebsärztliche Dienst hinzugezogen werden.
externe Partner	erbringen Leistungen zur Teilhabe in Form von Beratung, Fördermitteln, Assistenzleistungen am Arbeitsplatz oder externen Maßnahmen zur Rehabilitation und Qualifizierung.

Handlungsempfehlungen zum Betrieblichen Eingliederungsmanagement, Hrsg.: Landschaftsverband Rheinland -Integrationsamt-, Köln, Landschaftsverband Westfalen-Lippe -Integrationsamt-, Münster, 2005, S. 25

Betriebliches Eingliederungsmanagement als System

Es gibt gute Argumente für die Einführung des BEM als System mit vereinbarten Regeln: Der Arbeitgeber muss nicht in jedem Einzelfall neu starten, eine geordnete Vorgehensweise schafft Rollenklarheit für die Beteiligten und für die Beschäftigten Transparenz für den Fall, dass sie vom BEM betroffen sind. Aber dies ist abhängig von der betrieblichen Situation. Während kleinere Arbeitgeber damit zurecht kommen werden, jeweils auf den Einzelfall zu reagieren, ist es bei mittelständischen und größeren Arbeitgebern sinnvoll und empfehlenswert, ein einheitliches Verfahren zu erarbeiten.

Denn beim BEM handelt es sich um ein teilweise komplexes Verfahren mit einer Reihe von Beteiligten. Daher sollte das BEM einzelfallübergreifend im Betrieb systematisch geordnet und gemeinsam verabredet werden. Dabei sollten auch die Verantwortlichkeiten für den Prozess insgesamt sowie für einzelne Prozessschritte klar festgelegt werden. Eine solche Vereinbarung zwischen den Betriebspartnern sollte Regelungen zu folgenden Punkten beinhalten: zum Verfahrensablauf, zur Zuweisung von Verantwortlichkeiten für den BEM-Prozess oder Teilschritte des Prozesses (z. B. Integrationsteam, Betriebsarzt), zu den Mitwirkungspflichten der einzelnen Beschäftigten, zur Gewährleistung des Datenschutzes, zur Ergebniskontrolle und Fallauswertung zwecks Gewinnung von Erkenntnissen zur Verbesserung der betrieblichen Gesundheitssituation sowie zu Dokumentationsformen und -pflichten.

Ein generell für alle potenziellen Fälle zur Anwendung kommendes standardisiertes BEM-Verfahren hat den Vorzug der Transparenz gegenüber den Beschäftigten im Betrieb/der Dienststelle; es bringt Klarheit bei der Zuweisung von Verantwortlichkeiten und ist zudem ökonomischer, weil nicht in jedem Einzelfall neu entschieden werden muss, wer was zu welcher Zeit macht.

Ein standardisiertes Verfahren legt fest, wer am Prozess des BEM mit welchen Verantwortlichkeiten beteiligt werden soll. Wie gut die Umsetzung des standardisierten Verfahrens funktioniert, hängt maßgeblich vom Zusammenspiel der Beteiligten und vom gegenseitigen Vertrauensverhältnis ab. Der Betriebsrat und die Schwerbehindertenvertretung sind hierbei wichtige Partner für den Arbeitgeber. Allein vor diesem Hintergrund sollte die Einführung eines einzelfallübergreifenden Verfahrens in Abstimmung mit der Interessenvertretung erfolgen.

Für ein solches standardisiertes Verfahren schlagen die Integrationsämter die auf der nächsten Seite dargestellte Prozesskette vor.

Klar ist aber auch: Das BEM ist kein starres, für alle Betriebe gleichartiges System. Dennoch: So unterschiedlich mögliche betriebliche Faktoren, die zu Arbeitsunfähigkeitszeiten führen, sind, so unterschiedlich können auch die gemeinsam im Betrieb vereinbarten Schwerpunktsetzungen für ein erfolgreiches BEM sein. Wichtig ist, dass insbesondere der Arbeitgeber und die Beschäftigten, aber auch alle übrigen Beteiligten des BEM gemeinsam hinter dem gesetzlichen Anliegen – der Gesundheitsförderung und Prävention – stehen.

Einführung des betrieblichen Eingliederungsmanagements

Von ausschlaggebender Bedeutung für den Erfolg oder Misserfolg des BEM im Betrieb ist die Phase seiner Einführung. Wichtig ist eine möglichst umfassende Information der Beschäftigten über die Ziele, den Ablauf und die Beteiligten.

Dies kann man zum Beispiel auf einer Betriebsversammlung tun, durch eine schriftliche Information, durch Publikationen in der Mitarbeiterzeitung. Die Notwendigkeit der Information an die Beschäftigten gilt auch dann, wenn im Betrieb keine generelle Vereinbarung zum BEM abgeschlossen wurde.

Die Beschäftigten müssen davon überzeugt werden, dass das BEM ihren ganz persönlichen (Gesundheits-)Interessen dient und nicht der Vorbereitung von personenbedingten Kündigungen wegen Arbeitsunfähigkeit. Die Zusage, dass die datenschutzrechtlichen Bestimmungen eingehalten werden, ist dabei von großer Bedeutung.

Die Einführung des BEM wird nur gelingen, wenn sowohl der Arbeitgeber wie auch die Beschäftigtenvertretungen (Schwerbehindertenvertretung, Betriebsrat)

Die Prozesskette – Der Verfahrensablauf im Überblick

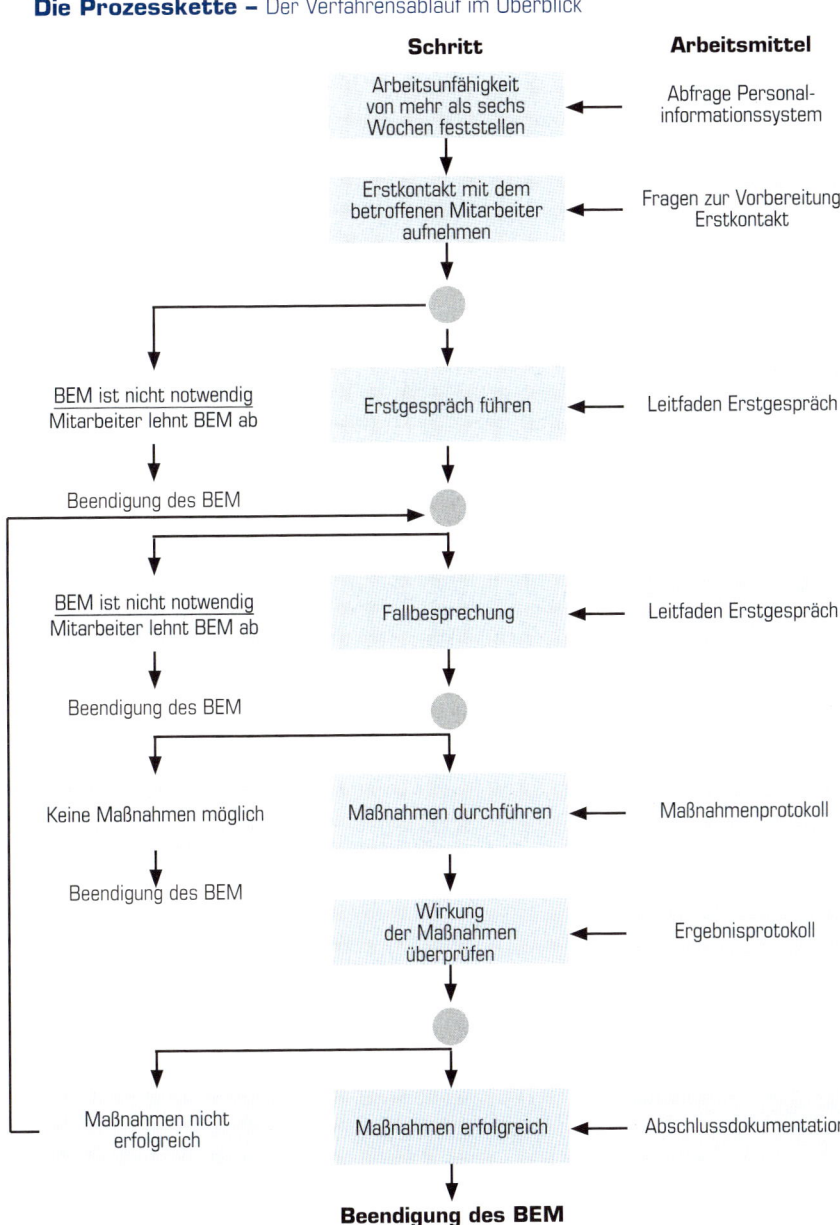

Handlungsempfehlungen zum Betrieblichen Eingliederungsmanagement, Hrsg.: Landschaftsverband Rheinland -Integrationsamt-, Köln, Landschaftsverband Westfalen-Lippe -Integrationsamt-, Münster, 2005, S. 26

- nicht nur formal, sondern auch inhaltlich hinter der Gesundheitsprävention und dem BEM stehen,
- dies gemeinsam den Beschäftigten glaubhaft vermitteln und
- den Beschäftigten überzeugend darlegen, dass sie gemeinsam Verantwortung in den einzelnen BEM-Prozessen übernehmen werden.

Unbedingt vermeiden muss man, die Erwartung zu wecken, mit dem BEM sei in jedem Einzelfall ein Allheilmittel zur Überwindung beziehungsweise Verringerung von Arbeitsunfähigkeitszeiten und zur Vermeidung personenbedingter Kündigungen gefunden worden. Das BEM hat zwar ein Ziel fest im Blick: die Sicherung des Beschäftigungsverhältnisses. Jedes einzelne BEM-Verfahren ist aber von der Sache her stets ergebnisoffen: Vieles geht, aber nicht jede Erkrankung lässt sich auskurieren, nicht jede Belastung verringern, nicht jeder Arbeitsplatz leidens-/behinderungsgerecht gestalten.

Fragen aus der Praxis

Die Integrationsämter haben inzwischen ausreichend Erfahrungen gesammelt, welches die am häufigsten gestellten Fragen aus der Praxis sind.

Gibt es Ausnahmen für Aushilfskräfte, Teilzeitkräfte etc.?

Grundsätzlich gilt die Vorschrift für alle Mitarbeiterinnen und Mitarbeiter, die in einem regulären Beschäftigungsverhältnis stehen. Daher gilt sie selbstverständlich auch für alle Teilzeitkräfte unabhängig von der wöchentlichen Stundenzahl und auch für Aushilfskräfte.

Muss für die zu zählenden Tage eine AU-Bescheinigung vorliegen?

Nein! Häufig muss erst ab dem dritten Tag einer Erkrankung eine ärztliche Arbeitsunfähigkeitsbescheinigung vorgelegt werden. Bei den beiden ersten Tagen liegt jedoch eine Arbeitsunfähigkeitsmeldung vor, sodass selbstverständlich beide Tage mit zu zählen sind.

Zählen nur „echte" Krankheitszeiten oder auch AU-Zeiten wegen Kuren, Reha-Maßnahmen, etc.?

In die Berechnung der Sechs-Wochen-Frist fließen zunächst alle Zeiten der Arbeitsunfähigkeit mit ein. Die Berücksichtigung der Gründe für krankheitsbedingte Fehlzeiten erfolgt erst im weiteren Verlauf des BEM, in der Regel bereits beim Erstgespräch.

Was bedeutet „wiederholt arbeitsunfähig"?

Es ist ausschließlich auf die zeitliche Komponente der wiederholten Arbeitsunfähigkeit abzustellen (insgesamt sechs Wochen). Es kommt nicht darauf an, welche Ursachen zu der Arbeitsunfähigkeit geführt haben, also, ob immer die gleiche oder ganz unterschiedliche Erkrankungen vorliegen. Einerseits können ganz unterschiedliche Symptome eine gemeinsame physische oder psychische Ursache haben. Andererseits ist der Arbeitgeber nicht immer über die Art der Erkrankung informiert. Aber auch dann, wenn alle Erkrankungen bekannt sein sollten, lohnt es sich, einen Blick auf die wirklichen Ursachen zu werfen und gemeinsam mit der betroffenen Person zu überlegen, wie die Arbeitsunfähigkeit überwunden und erneuter Arbeitsunfähigkeit vorgebeugt werden kann.

Wann muss der Arbeitgeber tätig werden? Nach Rückkehr der betroffenen Person?

Die Vorschrift knüpft allein an die Sechs-Wochen-Frist an, nicht an die gesunde Rückkehr der betroffenen Person. BEM ist kein Krankenrückkehrgespräch! Insofern ist grundsätzlich auch während der Phase der Arbeitsunfähigkeit eine Kontaktaufnahme zu der betroffenen Person durchzuführen. Je nach konkreter Erkrankung ist dann das weitere Vorgehen abzustimmen. Nach einem schweren Autounfall oder bei einer langfristigen schweren Erkrankung kommen Maßnahmen am Arbeitsplatz erst in Betracht, wenn die Genesung fortgeschritten ist. Sind psychische Gründe Ursache der Erkrankung, kann es auch für die erfolgreiche Behandlung wichtig sein, konkrete Maßnahmen am Arbeitsplatz sofort zu vereinbaren. Beispiel: Ist eine Kassiererin einer Bank mehrfach Opfer eines Banküberfalls geworden und infolgedessen arbeitsunfähig, kann es notwendig sein, ihr unverzüglich die Versetzung in eine interne Abteilung zu garantieren.

Was ist, wenn keine Interessenvertretung oder keine Schwerbehindertenvertretung gewählt wurde?

Wenn keine Interessenvertretung gewählt wurde, fehlt dem Arbeitgeber der innerbetriebliche Partner für die notwendige Klärung, wie BEM im Einzelfall umgesetzt werden kann. Aus der Vorschrift kann aber nicht entnommen werden, dass die Pflicht zum BEM nur Arbeitgeber betrifft, bei denen eine Interessenvertretung vorhanden ist. Da BEM für alle Arbeitgeber gilt, kann die Verpflichtung zur Durchführung von BEM nicht davon abhängig sein, ob eine Interessenvertretung gewählt wurde. Wenn keine Schwerbehindertenvertretung gewählt wurde, nimmt die Interessenvertretung an ihrer Stelle die Interessen des betroffenen schwerbehinderten Menschen wahr.

Kann die Zustimmung des Betroffenen später zurückgezogen oder später erteilt werden?

Ja! Die Zustimmung kann später zurückgezogen werden, jederzeit. Es kann auch erst später die Zustimmung erteilt werden, ein BEM durchzuführen. In diesem Fall trägt die betroffene Person jedoch das Risiko, wenn bestimmte Maßnahmen nicht mehr umgesetzt werden können oder der Arbeitgeber insbesondere nach Ausspruch einer krankheitsbedingten Kündigung kein Interesse mehr an der Durchführung eines BEM hat.

Darf der Arbeitgeber den Betriebsrat oder die Schwerbehindertenvertretung vor der Zustimmung der betroffenen Person informieren?

Jede inhaltliche Information bedarf der Zustimmung der betroffenen Person. Der Betriebsrat und bei schwerbehinderten und gleichgestellten behinderten Menschen die Schwerbehindertenvertretung haben jedoch auch darüber zu wachen, dass der Arbeitgeber die ihm obliegende Pflicht zur Durchführung des BEM erfüllt. Dies ist nur dann möglich, wenn sie eine Information darüber erhalten, dass die betroffene Person innerhalb der letzten zwölf Monate sechs

Wochen arbeitsunfähig war. Diese Information – und nur diese – darf der Arbeitgeber daher auch ohne Einverständnis der betroffenen Person weitergeben.

Kann die betroffene Person eine Teilnahme des Betriebsrates oder der Schwerbehindertenvertretung beziehungsweise den betriebsärztlichen Dienst ablehnen, wenn sie ansonsten mit der Durchführung eines BEM einverstanden ist?

Die Beteiligung des Betriebsrates oder der Schwerbehindertenvertretung kann die betroffene Person ablehnen. Grundsätzlich gilt dies auch für den betriebsärztlichen Dienst, soweit der Arbeitgeber nicht aus anderen Gründen berechtigt ist, diesen hinzuzuziehen.

Muss die betroffene Person dem Arbeitgeber oder dem Integrationsteam die Diagnose der Erkrankung mitteilen?

Nein. BEM macht aber nur Sinn, wenn die Beteiligten über alle derzeitigen oder dauerhaften Einschränkungen, die aufgrund der Erkrankung am Arbeitsplatz bestehen, informiert werden. Wer die Weitergabe dieser Information ablehnt, verweigert daher im Ergebnis die Durchführung eines BEM.

Kommt BEM in die Personalakte oder nur das Ergebnis?

In die Personalakte darf nur aufgenommen werden, dass die Durchführung eines BEM angeboten wurde, ob die betroffene Person hiermit einverstanden war oder nicht, welche konkreten Maßnahmen angeboten wurden, soweit hiervon die nach dem Arbeitsvertrag geschuldete Tätigkeit verändert wird, und ob eine Umsetzung mit Einverständnis der betroffenen Person erfolgen konnte oder nicht.

Ärztliche Aussagen und Gutachten, Stellungnahmen der Rehaträger oder des IFD's und Ähnliches gehören nicht in die Personalakte, sondern zum Beispiel in die Akte beim betriebsärztlichen Dienst.

Was passiert, wenn die betroffene Person die Durchführung eines BEM ablehnt?

Zunächst hat es keine Auswirkung, wenn die betroffene Person mit der Durchführung eines BEM nicht einverstanden ist. Diese Entscheidung hat keine unmittelbaren Folgen und muss auch nicht begründet werden.

Mittelbar kann diese Entscheidung jedoch Folgen haben. Hat der Arbeitgeber die Durchführung von BEM jedoch angeboten und die betroffene Person dies abgelehnt, kann sich diese in einem möglichen Verfahren vor dem Arbeitsgericht – also nach Ausspruch einer krankheitsbedingten Kündigung – nicht darauf berufen, dass ein BEM nicht durchgeführt wurde oder eine leidens- oder behindertengerechte Anpassung des Arbeitsplatzes nicht versucht wurde.

Besteht der Datenschutz bei der Weitergabe von Daten an Mitglieder des Integrationsteams?

Nur ein wirksamer Datenschutz erlaubt eine zielführende Umsetzung des BEM. Bei den meisten Mitgliedern eines Integrationsteams, also beim Betriebsrat/Personalrat, der Schwerbehindertenvertretung und dem werksärztlichen Dienst, ergibt sich dies aus den jeweiligen gesetzlichen Bestimmungen. Auch für die externen Partner, wie zum Beispiel den Rehaträgern oder dem IFD, ergibt sich dies aufgrund gesetzlicher oder vertraglicher Regelungen.

Problematisch ist die Frage für die Vertreterin beziehungsweise den Vertreter des Arbeitgebers, wenn diese/dieser aus dem unmittelbaren Vorgesetzten und/oder einer Vertreterin/einem Vertreter der Personalabteilung besteht. Diese können im weiteren Verlauf des Verfahrens in Konflikte zu ihren übrigen Aufgaben geraten.

Daher sollte bei der Einführung des betrieblichen Eingliederungsmanagements konkret festgelegt werden, wer den Arbeitgeber in einem Integrationsteam vertritt. Ist dies zum Beispiel der Beauftragte des Arbeitgebers für schwerbehinderte Menschen, der nicht gleichzeitig in der Personalabteilung angesiedelt ist, könnte dieser zur Schweigepflicht auch gegenüber dem Arbeitgeber und der Personalabteilung verpflichtet werden. Ist es eine andere Person, besteht möglicherweise die Notwendigkeit, die Diskussion im Integrationsteam auf die Auswirkungen der Erkrankung auf die Tätigkeit und mögliche betriebliche Ursachen zu beschränken. Die Art der Erkrankung und andere Fragen zur Gesundheitsprognose dürfen dann nicht besprochen werden, weil der Arbeitgeber hierauf eine mögliche spätere Kündigung stützen könnte.

Wie entscheidet das Integrationsamt bei einem Antrag auf Zustimmung zur Kündigung, wenn kein BEM durchgeführt wurde?

Die Praxis der Integrationsämter hierzu ist nicht einheitlich. Teilweise wird die Zustimmung versagt, weil BEM der Kündigung als letztes Mittel vorausgehen muss.

Die Integrationsämter der Landschaftsverbände Rheinland und Westfalen berücksichtigen bei Entscheidungen über behinderungs-/krankheitsbezogene Kündigungen im Rahmen des ihnen zustehenden Ermessens, ob ein BEM durchgeführt wurde. Zahlreiche Aspekte, die Gegenstand eines BEM sind, kann das Integrationsamt im Rahmen des von ihm durchzuführenden Kündigungsschutzverfahrens klären, so zum Beispiel, ob begleitende Hilfen im Arbeitsleben zur Erhaltung des Arbeitsverhältnisses in Betracht kommen, oder ob eine Versetzung auf einen anderen Arbeitsplatz möglich ist. Es kann dabei einen seiner Fachdienste oder einen IFD einbeziehen. Bis zur Klärung dieser Fragen kann allerdings das Kündigungsschutzverfahren beim Integrationsamt erhebliche Zeit in Anspruch nehmen. Der Arbeitgeber kann wesentlich zur Verfahrensbeschleunigung beitragen, wenn er vor Antragstellung auf Zustimmung zur Kündigung ein BEM selbst initiiert und durchführt.

Darf der Betriebsrat/Personalrat oder die Schwerbehindertenvertretung auch vor dem Arbeitgeber tätig werden und Kontakt mit der betroffenen Person aufnehmen?

Grundsätzlich ist dies natürlich nicht verboten. Soweit dies geschieht, erfolgt dies jedoch außerhalb des BEM-Verfahrens.

Wie kann man Ängste bei der betroffenen Person abbauen, wenn sich der Arbeitgeber nach sechs Wochen meldet?

Der entscheidende Punkt für den Erfolg des BEM – neben dem Datenschutz – ist die möglichst umfassende Information der Beschäftigten. Diese sollte bei Einführung des BEM über eine Betriebsversammlung und einen Rundbrief, Aushang oder Ähnlichem erfolgen. Diese umfassende Information über die Ziele, die Beteiligten und den Ablauf des Verfahrens muss auch dann erfolgen, wenn der Arbeitgeber die Zustimmung der betroffenen Person zur Durchführung des BEM einholt. In dem dann folgenden Erstgespräch ist diese Information nochmals zu vertiefen.

Hat die betroffene Person einen eigenen einklagbaren Anspruch auf die Durchführung von BEM?

Die Vorschrift zur Durchführung eines BEM ist vorrangig als öffentlich-rechtliche Verpflichtung des Arbeitgebers anzusehen. Aus einer solchen Verpflichtung dürfte kein individueller Anspruch der betroffenen Person hergeleitet werden können.

Es wird jedoch die Auffassung vertreten, dass ein eigener Rechtsanspruch der betroffenen Person gegen den Arbeitgeber als Konkretisierung der allgemeinen Fürsorgepflicht des Arbeitgebers aus dem Arbeitsverhältnis besteht. Ob die Rechtsprechung dieser Auffassung folgt, muss jedoch abgewartet werden.

Prämien für die Einführung eines betrieblichen Eingliederungsmanagements

Die gesetzliche Regelung sieht vor, dass Rehabilitationsträger und Integrationsämter die Einführung eines betrieblichen Eingliederungsmanagements mit einer Prämie auszeichnen können. Das Ziel einer solchen Prämie ist einerseits der Anreiz, ein BEM einzuführen, und andererseits die Belohnung für die erfolgte Einführung. Da es keine Regelungen gibt, haben die Integrationsämter über ihre Bundesarbeitsgemeinschaft der Integrationsämter und Hauptfürsorgestellen (BIH) für sich selbst Empfehlungen entwickelt, die als Grundlage für die Vergabe einer Prämie dienen. Danach sollen pro Jahr bis zu fünf Arbeitgeber mit bis zu 20.000 Euro ausgezeichnet werden.

Entscheidende Grundlage für die Vergabe einer Prämie ist ein Konzept für ein BEM, das an Mindestanforderungen beinhaltet, wer im Betrieb wann was macht und dies in einem geordneten und für die verantwortlichen Akteure wie auch für die Beschäftigten transparenten Verfahren.

Die Möglichkeit der Prämie wird inzwischen genutzt: So hat das Integrationsamt des Landschaftsverbandes Rheinland im Jahr 2006 sieben Betriebe und Dienststellen ausgezeichnet.

Interessierten Betrieben ist zu empfehlen, sich mit ihrem zuständigen Integrationsamt in Verbindung zu setzen und nähere Einzelheiten anzufordern.

Anhang

Hetzel, Schian, Flach, Mozdzanowski

Mitarbeiter krank – was tun!?

Praxishilfen für Personalverantwortliche
in kleinen und mittleren Unternehmen
zur Umsetzung des betrieblichen Eingliederungsmanagements

Kurzfassung, Handlungs- und Dokumentationshilfe

Alternde Belegschaften, Zunahme chronischer Erkrankungen, Nachwuchskräftemangel, hoher Wettbewerbsdruck, betriebliches Eingliederungsmanagement – das sind Schlagworte, die auch in kleinen und mittleren Unternehmen zu der Frage führen: Mitarbeiter krank – was tun? Wenn sowohl Mitarbeiter[1] als auch Arbeitgeber engagiert und verantwortlich handeln, gewinnen beide.

Vorteile für den Arbeitgeber	Vorteile für den Mitarbeiter
▪ Auf alternde Belegschaften vorbereitet sein, ▪ Know-how langjähriger Mitarbeiter erhalten, ▪ Mitarbeiterzufriedenheit und -loyalität erhöhen, ▪ Attraktivität des Unternehmens für Kunden und für (potenzielle) Mitarbeiter steigern, ▪ Kosten der Entgeltfortzahlung vermindern, ▪ Kosten für Gehalt und Einarbeitung für Ersatzkräfte beziehungsweise Überstunden senken, ▪ Öffentliche Gelder abrufen, ▪ Rechtssicherheit schaffen, ▪ Kalkulierbare Kosten statt unerwartete Ausgaben und Mindereinnahmen.	▪ Kommunikation sichern, ▪ Zur Erhaltung der persönlichen Gesundheit beitragen, ▪ Vermeidung von Überforderungen am Arbeitsplatz, ▪ Einer drohenden Chronifizierung von Erkrankungen vorbeugen, ▪ Schneller volles Gehalt statt Krankengeld beziehen, ▪ Zum langfristigen Erhalt des Arbeitsplatzes beitragen, ▪ Vermeidung von Arbeitslosigkeit aufgrund gesundheitlicher Einschränkungen.

---

[1] Aus Gründen der besseren Lesbarkeit wird im Weiteren ausschließlich die männliche Form verwendet.

Was tun?

1. Lesen Sie zunächst „Das Fundament legen" am Ende des Anhangs auf Seite 159. Mit diesen Hinweisen können Sie das Fundament legen, damit der betriebliche Umgang mit Krankheit keine „Notfalloperation" bleibt.
2. Im „Ernstfall" können Sie dann mit Hilfe des Textes „Ein Mitarbeiter ist krank" auf den Seiten 157 und 158 kompetent handeln und im Falle des § 84 Abs. 2 SGB IX[2] das Notwendige dokumentieren.
3. Für weiterführende Informationen und Praxishilfen sei auf die Langfassung vorne im Buch verwiesen.

Ein Mitarbeiter ist krank

– Handlungsleitfaden für die Ansprechperson –

Name _____

Anlass _____

1. Mitarbeiter ansprechen

✓ Wer: Ansprechperson,
✓ Ziel: Positive Aufmerksamkeit signalisieren und Vertrauen aufbauen,
✓ Themen:
  ☐ Informationen geben und Vorgehen erläutern
  ☐ Kooperationsbereitschaft erfragen (Prinzip der Freiwilligkeit!).

Folgende Dokumente
siehe Langfassung
vorne im Buch

„Vereinbarung zum Schutz persönlicher Daten"

2. Ausgangssituation erfassen und Lösungsansätze entwickeln

✓ Wer: Ansprechperson, Mitarbeiter[3],
✓ Ziel: Zusammenhänge zwischen Erkrankung und Arbeitsplatz erkennen und daraufhin Lösungsansätze entwickeln,
✓ Zentrale Themen:
  ☐ Welche Tätigkeiten können geschafft werden?
  ☐ Gibt es Zusammenhänge zwischen Erkrankung und Arbeitsplatz?
  ☐ Welche Lösungsansätze (siehe S. 156) gibt es?
  ☐ Ist weitere Abklärung oder fachlicher Rat notwendig? (siehe Schritt 4)

---

2 § 84 Abs. 2 SGB IX: „Sind Beschäftigte innerhalb eines Jahres länger als sechs Wochen ununterbrochen oder wiederholt arbeitsunfähig, klärt der Arbeitgeber [...] mit Zustimmung und Beteiligung der betroffenen Person die Möglichkeiten, wie die Arbeitsunfähigkeit möglichst überwunden werden und mit welchen Leistungen oder Hilfen erneuter Arbeitsunfähigkeit vorgebeugt und der Arbeitsplatz erhalten werden kann (betriebliches Eingliederungsmanagement). [...]"
3 Sofern vorhanden, sollte der Betriebs-/ Personalrat und bei schwerbehinderten Mitarbeitern die Schwerbehindertenvertretung beteiligt werden (es sei denn, der Mitarbeiter wünscht dies nicht).

Mitarbeiter krank – was tun!? | Kurzfassung

3. Maßnahmen planen

✓ Wer: Ansprechperson, Mitarbeiter, Vorgesetzter/Unternehmer[4],

✓ Ziel: Lösungsansätze abwägen und das Machbare festlegen.

„Maßnahmeplan" siehe vorne im Buch

✓ Mögliche (vorübergehende) Maßnahmen sind beispielsweise
  - ☐ Arbeitsplatz anpassen,
  - ☐ Arbeitsumgebung verändern,
  - ☐ technische Arbeitshilfen,
  - ☐ Tätigkeiten verändern,
  - ☐ Arbeitszeit- und Pausenregelungen verändern,
  - ☐ stufenweise Wiedereingliederung,
  - ☐ Leistungsvorgaben anpassen,
  - ☐ Sonderaufgaben,
  - ☐ Rehamaßnahmen,
  - ☐ Qualifizierung,
  - ☐ Sonstiges.

✓ Festlegen: wer – was – wann – wie – wo?

4. Bei Bedarf Experten einbinden

Bleiben die gefundenen Maßnahmen für die Beteiligten unbefriedigend, sollten mit Einwilligung und nach Aufklärung des Mitarbeiters (externe) Experten eingebunden werden. Fragen lohnt sich – insbesondere bei

Bei Bedarf:
- *„Weitergabe von Daten an Dritte"*
- *„Schweigepflichtsentbindung/Einwilligung in die Einholung von Daten bei Dritten"*

☐ Reha-Servicestelle → www.reha-servicestellen.de

☐ Integrationsamt → www.integrationsaemter.de

☐ Disability Manager in Ihrer Nähe → www.disability-manager.de

5. Maßnahmen durchführen und bewerten

✓ Wer: Vorgesetzter, Mitarbeiter, bei Bedarf Ansprechperson[4],

✓ Ziel: regelmäßig Erfolge prüfen und bei Bedarf Änderungen vornehmen,

✓ Kriterien:
  - ☐ Arbeitsqualität,
  - ☐ Arbeitsquantität,
  - ☐ Gesundheitliche Beschwerden.

---

4   Sofern vorhanden, sollte der Betriebs-/Personalrat und bei schwerbehinderten Mitarbeitern die Schwerbehindertenvertretung beteiligt werden (es sei denn, der Mitarbeiter wünscht dies nicht).

Ein Mitarbeiter ist krank Name _____

– Dokumentation für den Arbeitgeber (im Falle des § 84 Abs. 2 SGB IX) –

1. Mitarbeiter ansprechen

☐ Ansprechperson Datum _____

2. Ausgangssituation erfassen und Lösungsansätze entwickeln

☐ Ansprechperson, Datum _____
☐ Mitarbeiter, *„Vereinbarung zum Schutz*
☐ ggf. Interessenvertretung[5]. *persönlicher Daten" liegt vor*
 ja/nein

3. Maßnahmen planen

☐ Vorgesetzter/Unternehmer, Datum _____
☐ Mitarbeiter,
☐ ggf. Ansprechperson, ☐ Experte notwendig
☐ ggf. Interessenvertretung[5]. ja/nein (siehe Schritt 4)
 ☐ Maßnahmen, soweit den
 Arbeitgeber betreffend

Datum	Maßnahme	Ergebnis	Zeichen

---

5 Sofern vorhanden, sollte der Betriebs-/Personalrat und bei schwerbehinderten Mitarbeitern die Schwerbehindertenvertretung beteiligt werden (es sei denn, der Mitarbeiter wünscht dies nicht).

4. Bei Bedarf Experten einbinden

☐ Ansprechperson

Datum _____

☐ Experte _____

☐ Maßnahmen, soweit den
Arbeitgeber betreffend

5. Maßnahmen durchführen und bewerten

☐ Vorgesetzter/Unternehmer,
☐ Ansprechperson,
☐ Mitarbeiter,
☐ ggf. Interessenvertretung[6,7].

Datum _____

☐ (Zwischen-)Ergebnisse,
soweit den Arbeitgeber
betreffend
☐ BEM beendet am
Datum _____,
einvernehmlich ja/nein
☐ Abschlussbewertung
ja/nein

---

6   Sofern vorhanden, sollte der Betriebs-/Personalrat und bei schwerbehinderten Mitarbeitern die Schwerbehindertenvertretung beteiligt werden (es sei denn, der Mitarbeiter wünscht dies nicht).
7   Bei Maßnahmen, die der Mitbestimmung unterliegen, ist spätestens vor der Durchführung der Be-
triebs-/Personalrat zwingend einzubinden.

Das Fundament legen

Der betriebliche Umgang mit Krankheit darf keine „Notfalloperation" sein. Als Fundament sollten alle Führungskräfte und Mitarbeiter mindestens kennen:

Zielgruppe	**In folgenden Fällen ...** ▪ Mitarbeiter ist lange oder wiederholt krank (§ 84 Abs. 2 SGB IX), ▪ Arzt attestiert einem Mitarbeiter Einsatzeinschränkungen, ▪ Arzt, Fachkraft für Rehabilitation oder Mitarbeiter regt eine stufenweise Wiedereingliederung an, ▪ Führungskräfte erkennen Unterstützungsbedarf für einen Mitarbeiter, ▪ Mitarbeiter sucht in Krankheitsfragen Unterstützung, ▪ sonstige Hinweise auf Gefährdungen am Arbeitsplatz oder andere Risiken für die Beschäftigungsfähigkeit der Mitarbeiter.
Ziele	**... wollen wir ...** ▪ das Gesundwerden fördern, ▪ eine chronische Erkrankung vermeiden, ▪ krankheitsbedingte Arbeitsunfähigkeiten überwinden, ▪ einer erneuten Arbeitsunfähigkeit vorbeugen und ▪ den Arbeitsplatz erhalten.
Ansprechperson „Vereinbarung zur Verschwiegenheit der Ansprechperson" (Dokument siehe Langfassung im Buch vorne)	**Um dieses Thema kümmert sich bei uns ...** ▪ der Unternehmer persönlich (eventuell in Kleinunternehmen und entsprechender Unternehmenskultur), ▪ *besser:* eine Ansprechperson im Sinne einer Vertrauensperson – sie hat über personenbezogene Daten auch gegenüber dem Arbeitgeber und allen Personen, die Personalentscheidungen treffen, Verschwiegenheit zu bewahren, es sei denn, der betroffene Mitarbeiter willigt in die Weitergabe nach vorheriger Aufklärung freiwillig ein. ▪ *Vorteil:* Zielkonflikte zwischen Vorgesetztem und Mitarbeiter treten in den Hintergrund. Die Hemmschwelle für den betroffenen Mitarbeiter ist meist geringer und ein offenes Gespräch wahrscheinlicher. Eigenverantwortung, Eigenaktivität und Kreativität bei der Entwicklung von Lösungsansätzen werden stimuliert. Der Vorgesetzte muss nur noch über das Machbare entscheiden. Nicht zuletzt zeigt sich der Chef als mitarbeiterorientierte Persönlichkeit.
Kernprinzip	**Mitarbeiter nehmen freiwillig am „betrieblichen Eingliederungsmanagement" teil!**

Die ersten Schritte

1. Der Unternehmer legt die **Ziele** fest, bestimmt die **betriebliche Ansprechperson** als Vertrauensperson und versorgt diese mit Informationsmaterial (zum Beispiel Praxishilfen, Schulung)*).
2. Unternehmer oder Ansprechperson knüpfen erste Kontakte zu **externen Experten**, um das Fundament zu festigen und für den Ernstfall vorbereitet zu sein.
3. Unternehmer und Ansprechperson legen **wichtige Regeln** fest, zur Steigerung der Akzeptanz am besten gemeinsam mit Führungskräften und ausgewählten Mitarbeitern*).
4. Die gesamte Belegschaft über Ziele und wichtige Regeln **informieren**.
5. **Mögliche Kandidaten** erkennen und sie der Ansprechperson nennen**).
6. Der Unternehmer kann einen Antrag auf **Bonus und Prämien** bei den Rehabilitationsträgern und beim Integrationsamt stellen.

---

*)   Sofern ein Betriebs-/Personalrat vorhanden ist, muss dieser Schritt mit diesem gemeinsam durchgeführt werden. Eine vorhandene Schwerbehindertenvertretung sollte gehört werden.

**)   Sofern vorhanden, ist der Betriebs-/ Personalrat und bei schwerbehinderten Mitarbeitern die Schwerbehindertenvertretung zu informieren.

Diese Kurzfassung befindet sich auch auf der beigefügten CD-ROM und kann von dort ausgedruckt werden.